职业院校机电类专业中高职衔接系列教材 (中职)

单片机技术及应用

主　编　贺志盈　周志文　周正鼎
副主编　沈　阳　陈海雷

西安电子科技大学出版社

内 容 简 介

本书共包含 12 个经典项目：单片机基础知识、Keil 软件的学习、单片机控制点亮一盏 LED 灯、单片机的最小系统、点亮多盏灯、灯的闪烁、流水灯、数码管显示、交通信号灯、按键控制、LCD1602 液晶显示、LCD12864 液晶显示。项目介绍深入浅出、学做结合、循序渐进，让读者在较轻松的氛围中学习并掌握一个个的知识点。

通过对这些项目的学习，单片机初学者可以轻松入门，有一定单片机基础知识的读者也可以得到一定的进阶，为能够参加中职单片机竞赛或是进入高职院校相关专业学习打下坚实的专业基础。

本书内容翔实，有较强的实际应用指导价值，既可作为中等职业学校机电技术应用专业的单片机课程教材，也可作为高等职业院校机电一体化、电子信息、电气、通信、自动化、计算机应用等专业的基础教材。

本书配有电子课件和教案，有需要的老师可登录出版社网站免费下载。

图书在版编目(CIP)数据

单片机技术及应用 / 贺志盈，周志文，周正鼎主编. —西安：西安电子科技大学出版社，2020.7(2024.7 重印)
ISBN 978-7-5606-5605-2

Ⅰ. ①单…　Ⅱ. ①贺…　②周…　③周…　Ⅲ. ①微控制器—中等专业学校—教材
Ⅳ. ①TP368.1

中国版本图书馆 CIP 数据核字(2020)第 023445 号

策　　划　秦志峰　杨丕勇
责任编辑　秦志峰
出版发行　西安电子科技大学出版社(西安市太白南路 2 号)
电　　话　(029)88202421　88201467　　邮　　编　710071
网　　址　www.xduph.com　　电子邮箱　xdupfxb001@163.com
经　　销　新华书店
印刷单位　广东虎彩云印刷有限公司
版　　次　2020 年 7 月第 1 版　2024 年 7 月第 4 次印刷
开　　本　787 毫米×1092 毫米　1/16　印　张　11
字　　数　256 千字
定　　价　28.00 元
ISBN 978-7-5606-5605-2

XDUP 5907001-4

如有印装问题可调换

职业院校机电类专业中高职衔接系列教材　（中职）

编审专家委员会名单

主　　任：黄邦彦（武汉船舶职业技术学院　院长、教授）
副 主 任：章国华（武汉船舶职业技术学院　副教授）
张道平（湖北信息工程学校　高级讲师）
易法刚（武汉市东西湖职业技术学校　高级讲师）
程立群（武汉市电子信息职业技术学校　高级讲师）
杨亚芳（武汉市仪表电子学校　高级讲师）
周正鼎（武汉机电工程学校　讲师）
编委委员：（委员按照姓氏拼音顺序排列）
毕红林（武汉市东西湖职业技术学校）
程立群（武汉市电子信息职业技术学校）
贺志盈（武汉机电工程学校）
侯守军（湖北信息工程学校）
李碧华（宜都市职业教育中心）
李世发（宜都市职业教育中心）
李习伟（湖北信息工程学校）
刘伦富（湖北信息工程学校）
罗文彩（武汉市仪表电子学校）
邵德明（湖北城市职业学校）
沈　阳（武汉机电工程学校）
杨亚芳（武汉市仪表电子学校）
杨成锐（宜城市职业高级中学）
易法刚（武汉市东西湖职业技术学校）
张道平（湖北信息工程学校）
张凤姝（宜昌机电工程学校）
周正鼎（武汉机电工程学校）

前　言

单片机被广泛应用在工业控制、家用电器、通信设备、机电设备、汽车制造、智能机器人和国防科技等领域，特别在“物联网”应用中尤为重要。在“中国制造2025”的号召下，我国工厂的智能化改革如火如荼，单片机控制是其中不可或缺的一门技术。

近年来为了探索技能人才的培养模式，职业教育战线广大教育工作者不断进行教学理念的研究和教学方法的改革。为加快职业技术教育改革的步伐，突出实践技能的培养，充分体现“做中学，做中教”的职业教学特色，开发一套从课程定位到单片机技术知识点的分配、项目化教学设计都较为完整的单片机技术教材十分必要。

本书在编写中力图体现以下特色：

(1) 打破学科体系，采取“项目式”编写方式，即采用“项目目标+项目要求+知识链接+课后练习”的编写结构。

(2) 每个项目确定了知识目标和技能目标，针对项目要求，把知识目标和技能目标融入知识链接的知识点和实践技能考核点中。知识链接中的知识点以实用、够用为原则，实践技能将所学的知识点通过实训融会贯通，以达到让学生从实训中较快消化理论知识的目的。每个项目中的重点、难点有微课，读者可扫描书中二维码观看。

(3) 每个实训项目都有硬件连线、编程思路、例程、程序注释、技能考核评价表与之匹配。

(4) 知识拓展部分为选学内容，可供不同层次要求的学生和班级选学。

本书由贺志盈、周志文、周正鼎担任主编。武汉机电工程学校的贺志盈负责样稿的设计和项目十二的编写工作，以及全书的统稿和修改工作；周志文负责编写项目一；黄伟负责编写项目四；胡桂丽负责编写项目五；柳睿负责编写项目七；周正鼎负责编写项目十；沈阳负责编写项目十一。宜昌市机电学校的韩智编写了项目三；明光市职业高级中学的翁义军编写了项目二；玉林市机电工程学校的梁前进编写了项目八；长江日报集团的陈海雷负责编写项目六；东北大学信息科学与工程学院的杨波负责编写项目九。本书的编写还得到百科融创公司黄仁辑和亚龙公司徐超工程师的大力支持和帮助，在此一并表示感谢!

由于编者水平有限，书中难免有疏漏和不妥之处，恳请广大读者批评指正。读者反馈邮箱为565555048@qq.com。

编　者

2020年2月

目　　录

项目一　单片机基础知识

项 目 目 标

1. 知识目标

(1) 了解单片机的基本概念、外形、类型及发展过程。

(2) 了解单片机在工业控制、家用电器等产品中的应用情况。

(3) 了解单片机学习所需要掌握的软、硬件知识。

(4) 了解单片机能做什么。

2. 技能目标

(1) 认识各种类型的单片机芯片。

(2) 会使用万用表和电烙铁。

项 目 要 求

了解单片机在工业和生产生活中的应用，掌握单片机在其中的作用，并初步了解单片机是如何控制的。

知 识 链 接

1. 单片机的概念

单片机顾名思义即单片微型计算机，也被称为微控制器(Microcontroller)，它最早被用在工业控制领域。单片机芯片常用英文字母的缩写 MCU 表示，它不是完成某一个逻辑功能的芯片，而是把一个计算机系统集成到一个芯片上。概括地讲，单片机就是把 CPU、存储器、I/O 接口集成到一个芯片上的一个微型计算机。

2. 单片机的外形

一般用来教学的单片机是 51 系列的单片机，目前用得比较多的就是 AT89S51 单片机，其形状和大小如图 1-1 所示。这也是市场上比较通用的单片机。和计算机相比，单片机只缺少了 I/O 设备。它的体积小、质量轻、价格便宜，为学习、应用和开发提供了便利条件。单片机内部也有和电脑功能类似的模块，比如 CPU、内存、并行总线等。现在用的全自动滚筒洗衣机、排烟罩、VCD 等家电里面都可以看到它的身影。

图 1-1　AT89S51 单片机形状和大小

3. 单片机的分类及特点

单片机作为计算机发展的一个重要分支领域，从不同角度大致可以分为通用型与专用型、总线型与非总线型及工控型与家电型几种类型。

1) 通用型与专用型

这是按单片机适用范围来区分的。例如，80C51 是通用型单片机，它不是为某种专门用途设计的；专用型单片机是针对一类产品甚至某一个产品设计生产的，例如为了满足电子体温计的要求，在片内集成 ADC 接口等功能的温度测量控制电路单片机。

2) 总线型与非总线型

这是按单片机是否提供并行总线来区分的。总线型单片机普遍设置有并行地址总线、数据总线、控制总线，且有用以扩展并行外围器件的接口，外围器件都可通过接口与单片机连接。另外，许多单片机已把所需要的外围器件及外设接口集成在片内，因此在许多情况下可以不要并行扩展总线，大大节省了封装成本和芯片体积，这类单片机称为非总线型单片机。

3) 工控型与家电型

这是按照单片机大致应用的领域进行区分的。一般而言，工控型单片机寻址范围大，运算能力强；家电型单片机多为专用型，通常是小封装、低价格，外围器件和外设接口集成度高。

显然，上述分类并不是唯一的和严格的。例如，80C51 类单片机既是通用型又是总线型，还可以作工控用，其中之一的 AT89C51 单片机应用就比较多，如图 1-2 所示。

图 1-2　AT89C51 单片机

但一般来说，单片机种类的区别主要是由于生产公司不同。按生产公司的不同，单片机一般有Atmel单片机、Philips单片机(其中PNX010系列如图1-3所示)、Motorola单片机、Ti单片机、MicroChip单片机、Epson单片机、三星单片机、富士通单片机、东芝单片机等。各个公司单片机的特点和侧重点不同，应用也都有所不同，但都占据了较大的市场份额。

应用领域

图1-3　PNX010系列单片机

4. 单片机的发展历史

单片机诞生于1971年，经历了SCM、MCU、SoC三大阶段。早期的SCM单片机都是8位或4位的，其中最成功的是Intel的8051，此后在8051基础上发展出了MCS51系列的MCU系统。基于这一系统的单片机系统直到现在还在广泛应用。随着工业控制领域要求的提高，开始出现了16位单片机，但因为性价比不理想并未得到广泛应用。20世纪90年代后随着消费电子产品的快速发展，单片机技术得到了巨大提升。随着Intel i960系列特别是后来的ARM系列的广泛应用，32位单片机迅速取代16位单片机的高端地位，进入主流市场。高端的32位SoC单片机主频已经超过300 MHz，性能直追90年代中期的专用处理器，而且普通型号的单片机出厂价格已跌落至1美元，最高端型号的单片机也只有10美元。

现代单片机系统已经不只是在裸机环境下开发和使用，大量专用的嵌入式操作系统被广泛应用在全系列的单片机上。作为掌上电脑和手机核心处理的高端单片机甚至可以直接使用专用的Windows和Linux操作系统。

5. 单片机的应用领域

现代人们生活中几乎每件电子产品中都会集成有单片机，手机、电话、计算器、家用电器、电子玩具、掌上电脑以及鼠标等电子产品中都含有单片机。汽车上一般配备有40多片单片机；复杂的工业控制系统上甚至可能有数百片单片机在同时工作，单片机的数量远远超过PC和其他计算机的总和。目前单片机已经渗透到人们生活的各个领域。

1) 工业自动化方面

单片机具有体积小、控制功能强、功耗低、环境适应能力强、扩展灵活和使用方便等优点，用单片机可以构成形式多样的控制系统、数据采集系统、通信系统、信号检测系统、无线感知系统、测控系统、机器人等。

例如图1-4所示的服装厂的智能化生产管理系统，采用人工智能RFID识别技术，流水线上的动态产量和生产瓶颈问题随时可以掌握，所有数据通过电子系统识别和采集后送给单片机芯片，然后进行实时、准确的控制处理。在制衣生产过程中工序的安排是否合理、各种电动衣车的调配是否合理等极大地影响着生产效率。通过电子标签取得的最原始资料，电脑以图表和 LED 电子屏幕的方式直接通知相关人员，相关人员则可以根据数据和经验合理地调配工序和人员。

图 1-4　服装厂的智能化生产管理系统

工业自动化技术能使工业系统处于最佳状态，提高经济效益，改善产品质量和减轻劳动强度。因此，自动化技术广泛应用于机械、电子、电力、石油、化工、纺织、食品等轻、重工业领域中。在工业自动化技术中，无论是过程控制技术、数据采集和测控技术，还是在生产线上的机器人技术，都需要单片机的参与。

在工业自动化领域，集机械、微电子、传感器和计算机技术于一体的机电一体化技术离不开单片机技术的支持，单片机将发挥越来越重要的作用。

2) 家用电器方面

当前，家用电器产品的一个重要发展趋势就是不断提高其智能化程度，而家用电器智能化的进一步提高必须要有单片机的参与。生产厂家标榜的“电脑控制”在电饭煲、洗衣机、电冰箱、空调机、彩电、音响视频器材、电子秤量设备和白色家电等中的应用，其实质就是单片机控制技术的应用。其应用之一——单片机控制的投币洗衣机如图 1-5 所示。

图 1-5　单片机控制的投币洗衣机

应用 1　　应用 2

3) 仪器、仪表方面

现代的仪器、仪表，如测试仪器和医疗仪器等的自动化和智能化要求越来越高，就是使用单片机来实现的。而单片机的使用又将加速仪器、仪表向数字化、智能化、多功能化和柔性化方向发展。单片机在医用设备中的应用相当广泛，例如医用呼吸机、各种分析仪、监护仪、超声诊断设备及病床呼叫系统等。其应用之一的基于单片机控制的 IC 卡智能水表如图 1-6 所示。

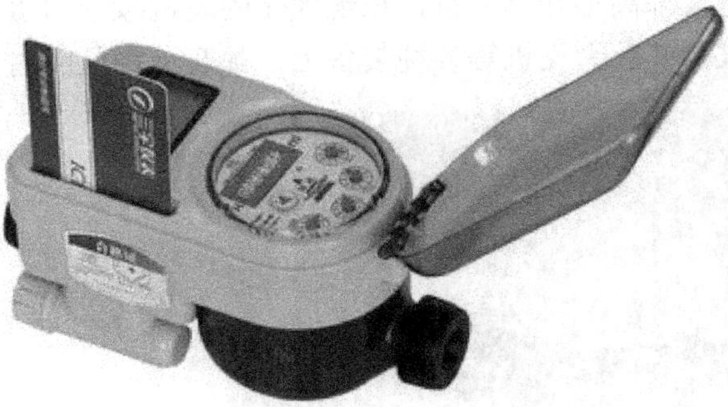

应用 3

图 1-6　基于单片机控制的 IC 卡智能水表

此外，单片机的使用还有助于提高仪器、仪表的精度和准确度，简化结构，减少体积及重量而易于携带和使用，并具有降低成本，增强抗干扰能力，便于增加显示、报警和自诊断等功能。

4) 网络和通信产品方面

现代的单片机普遍具备通信接口，可以很方便地与计算机进行数据通信，为在计算机网络和通信设备之间的应用提供了极好的硬件条件。现代通信设备，从电话机、小型程控交换机、楼宇自动通信呼叫系统、列车无线通信，到日常工作中随处可见的移动电话、集群移动通信、无线电对讲机等，基本上都实现了单片机智能控制。计算机的外部设备如键盘、打印机、磁盘驱动器等，以及自动化办公设备如传真机、复印机、考勤机(如图 1-7 所示)等，都有单片机在其中发挥着作用，单片机不仅能完成设备的基本功能，还能够实现设备与计算机之间的数据通信。

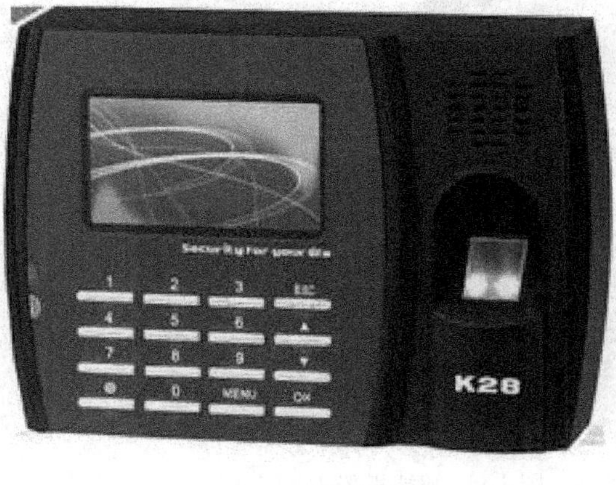

图 1-7　智能考勤机

5) 汽车电子设备方面

单片机在汽车电子设备中的应用非常广泛，例如汽车的发动机控制器、基于 CAN 总线的汽车发动机智能电子控制器、GPS 导航系统、ABS 防抱死系统、制动系统、胎压检测系统、汽车的集中显示系统、车灯的控制系统、动力监测系统、通信系统和运行监控器等都离不开单片机的控制。

6) 军事装备方面

科技强国、国防现代化建设都离不开单片机，在现代化的飞机(如图 1-8 所示)、军舰、坦克、大炮、雷达、导弹、火箭和航天飞机等各种装备上，都有单片机应用其中。

图 1-8　现代化的飞机

洗车多功能报警系统

从以上分析可知单片机渗透到人们生活的各个领域：工业自动化过程的实时控制和数据处理，广泛使用的各种智能 IC 卡，民用豪华轿车的安全保障系统，录像机、摄像机、全自动洗衣机的控制，导弹的导航装置，飞机上各种仪表的控制，计算机的网络通信与数据传输，以及程控玩具、电子宠物等，这些都离不开单片机，更不用说自动控制领域的机器人(如图 1-9 所示)、智能仪表、医疗器械了。因此，单片机的学习、开发与应用将造就一批计算机应用与智能化控制的科学家、工程师。

图 1-9　智能机器人

小球装箱系统

6. 单片机学习所需要的软硬件知识

单片机是一门实践性很强的课程，注重理论与实践相结合是本门课程最好的学习方法。学习完理论后，编写程序并下载到实验板或试验箱去控制外设实现某种效果，比如眼睛看到灯在不停亮灭，LED 点阵或液晶屏在显示不同字符和画面，耳朵听见声音，电机动起来等。当实现了预想的效果后，就会觉得单片机越学越有意思。为了更好地掌握单片机技术，必须要掌握以下几方面的知识。

1) 硬件

(1) 计算机，主要用于编写和调试程序。

(2) 实验箱或实验板。主要用来帮助学习者边学边练，达到学以致用的目的。实验板可以买现成的，也可以自己制作。本书主要使用北京达盛公司的单片机应用实验箱，如图 1-10 所示。本实验箱主要包括以下几个模块：单片机主模块(本书用的单片机芯片主要是 STC89C52 芯片)、LED 显示模块、按键模块、LCD 显示模块、七段数码管模块等。

图 1-10 北京达盛公司单片机应用实验箱

(3) 烧录器，也称为烧写器，是用来把程序写入到单片机存储器的设备。程序写入的方式有两种，一种是并行写入，一种是串行写入。本书采用的是 USB 串行在线编程器，如图 1-11 所示。

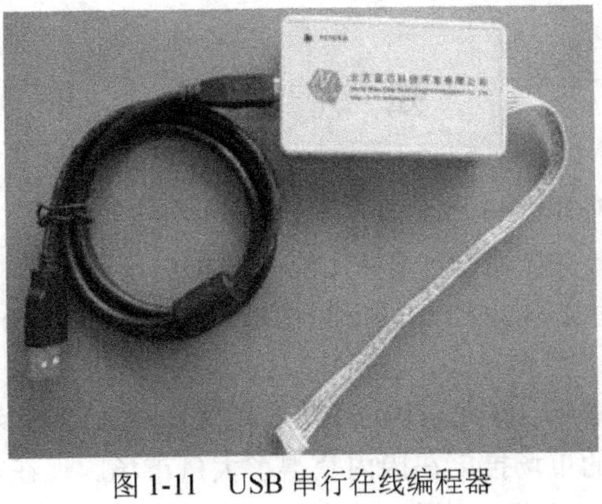

图 1-11 USB 串行在线编程器

(4) 工具。电烙铁和万用表(如图 1-12 所示)是必备的，还应有螺丝刀等其他小工具。最好配有万能电路板，则可以自己焊接想要的电路板。

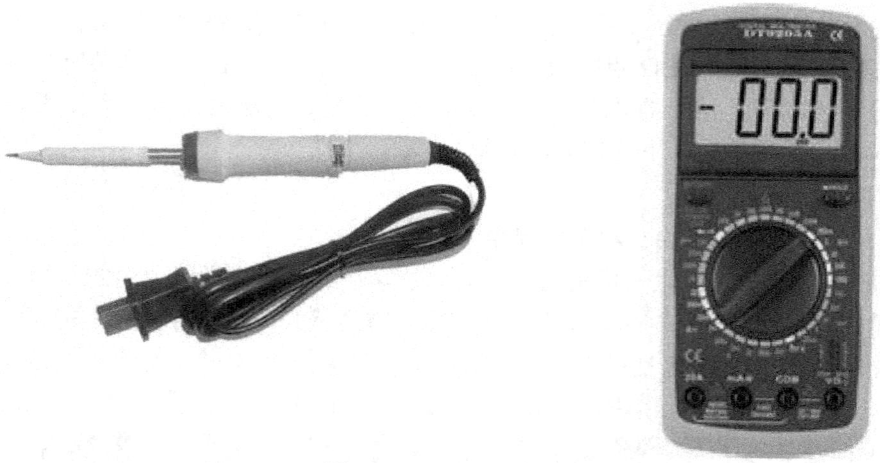

图 1-12 电烙铁和万用表

2) 软件

(1) Keil 编译软件，主要用来编写和编译程序。本书主要采用是 Keil uVision3 编程软件。Keil 编译软件可以在网上购买，然后利用如图 1-13 所示的下载器进行下载。

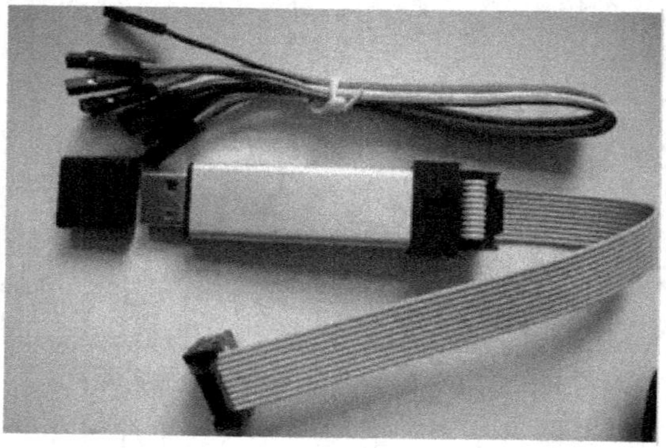

图 1-13 下载器

(2) 编程软件。C 语言或汇编语言，本书主要采用 C 语言编程。

知 识 拓 展

1. Intel、Atmel 和 Motorola 三个公司单片机的不同

Intel 是单片机发明者，最早设计了 MCS51、MCS96 系列单片机。但是后来用自己单片机的内核与 Atmel 公司交换了 NOR Flash 技术。在 2006 年，Intel 彻底停产了所有型号的单片机。

Atmel 在获得 51 内核后，开发了内嵌 Flash 存储器的 AT89S 系列单片机，采用标准的 51 内核，靠廉价和良好的市场推广在国内获得了大量市场。现在市面上的 51 内核单片机绝大部分出自 Atmel。Atmel 还有精简指令集的 AVR 系列单片机，是目前运行速度最快的

8 位单片机。

Motorola 也是最早推广单片机的公司之一。实现同样的运行速度，它的晶振频率则很低，抗干扰性也比较强，往往用在环境恶劣的军用或者工业环境中。

2. 单片机的具体发展阶段

1) 早期阶段

SCM 即单片微型计算机(Single Chip Microcomputer) 阶段，主要是寻求最佳的单片形态嵌入式系统的最佳体系结构。“创新模式”获得成功，奠定了 SCM 与通用计算机完全不同的发展道路。在开创嵌入式系统独立发展道路上，Intel 公司功不可没。

2) 中期发展

MCU 即微控制器(Micro Controller Unit) 阶段，主要的技术发展方向为：不断扩展满足嵌入式应用的同时，发展对象系统要求的各种外围电路与接口电路，突显其对象的智能化控制能力。它所涉及的领域都与对象系统相关，因此，发展 MCU 的重任不可避免地落在电气、电子技术厂家。从这一角度来看，Intel 逐渐淡出 MCU 的发展也有其客观因素。在发展 MCU 方面，最著名的厂家当数 Philips 公司。

Philips 公司以其在嵌入式应用方面的巨大优势，将 MCS-51 从单片微型计算机迅速发展到微控制器。因此，当我们回顾嵌入式系统发展道路时，不要忘记 Intel 和 Philips 公司的历史功绩。

3) 当前趋势

SoC 嵌入式系统(System on Chip)是单片机的独立发展之路，是 MCU 阶段发展的提高，就是寻求应用系统在芯片上的最大化解决，因此，专用单片机的发展自然形成了 SoC 化趋势。随着微电子技术、IC 设计、EDA 工具的发展，基于 SoC 的单片机应用系统设计会有较大的发展。因此，对单片机的理解可以从单片微型计算机、单片微控制器延伸到单片应用系统。

尽管 2000 年以后，ARM 已经生产出了 32 位的主频超过 300 MHz 的高端单片机，但直到现在基于 8051 的单片机还在广泛使用。在很多方面单片机比专用处理器更适合应用于嵌入式系统，因此它得到了广泛的应用。事实上单片机是世界上数量最多的处理器，随着单片机家族的发展壮大，单片机和专用处理器的发展便分道扬镳了。

课 后 练 习

(1) 单片机的概念是什么？

(2) 单片机代表性的生产厂家都有哪些？各自有什么特点？列举 3 家进行说明。

(3) 单片机的发展阶段是怎样的？各阶段特点是什么？

(4) 单片机主要应用在哪些方面？列举有代表性的 1 个具体应用，并详细描述其控制过程。

(5) 掌握单片机技术主要应该学习哪些方面的知识？

项目二　Keil 软件的学习

项 目 目 标

1. 知识目标

(1) 掌握 Keil 软件的界面布局。

(2) 掌握 Keil 软件界面的几个重要命令：建立工程、设置硬件、建立 HEX 程序、编译程序。

(3) 掌握下载软件 progisp 的使用。

2. 技能目标

(1) 会建立工程。

(2) 会设置硬件。

(3) 会编写点亮一盏 LED 灯的程序。

(4) 会建立 HEX 和编译程序。

(5) 会用下载软件将编译好的程序下载到单片机芯片中。

Keil 软件的学习

项 目 要 求

用 Keil 软件实现从编程到下载的整个过程。

知 识 链 接

1. Keil 软件的使用步骤

本例将通过从新建一个项目到输出 HEX 文件，并下载到单片机芯片中全过程，详细讲解 Keil 软件的使用方法。具体使用方法讲解如下。

(1) 点击桌面上 Keil 图标，打开 Keil 软件，如图 2-1 所示。

图 2-1　Keil 图标

(2) 新建工程。点击菜单栏中“Project”的“New Project…”命令，如图 2-2 所示。

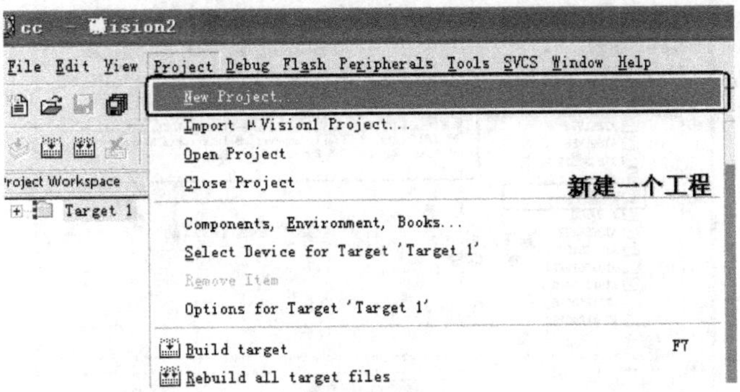

图 2-2　新建工程

(3) 保存工程。在保存对话框中输入工程名，然后点击“保存”按钮，如图 2-3 所示。

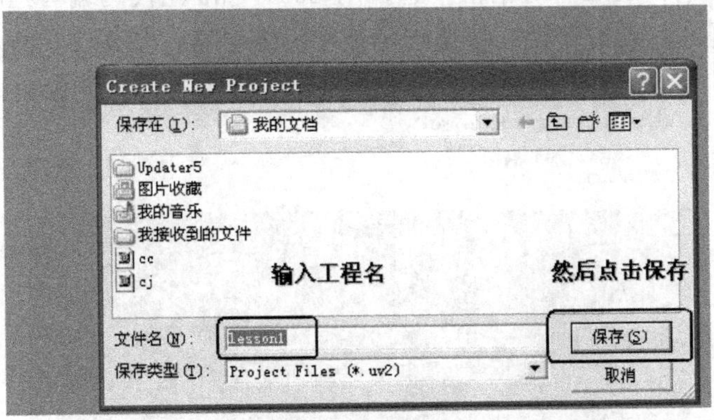

图 2-3　保存工程

(4) 选择所使用单片机的制造厂家，这里选择 Atmel 公司，如图 2-4 所示。

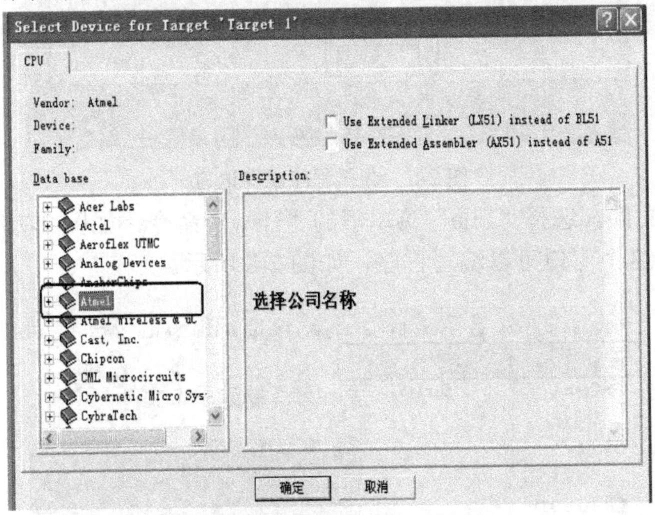

图 2-4　选择单片机芯片生产厂家

(5) 选择单片机芯片型号，本书用的是 AT89S52 单片机，窗口右侧方框中显示的是芯片的参数数据，如图 2-5 所示。

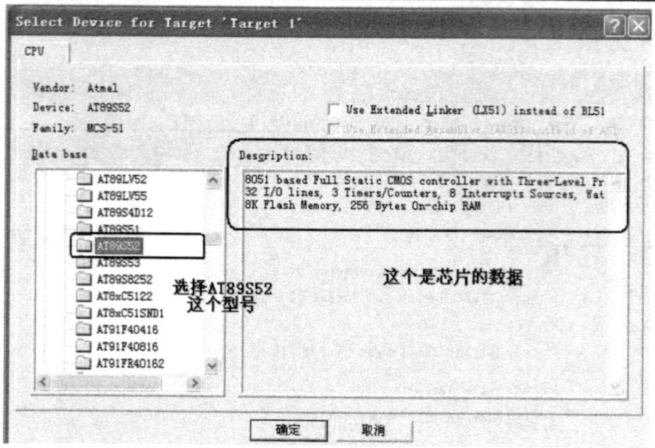

图 2-5　选择单片机芯片型号

(6) 在弹出的“μVision2”对话框中选择用 8051 标准化代码编写程序码，点击“是”按钮表示使用 C 语言，点击“否”按钮表示使用汇编语言，如图 2-6 所示。

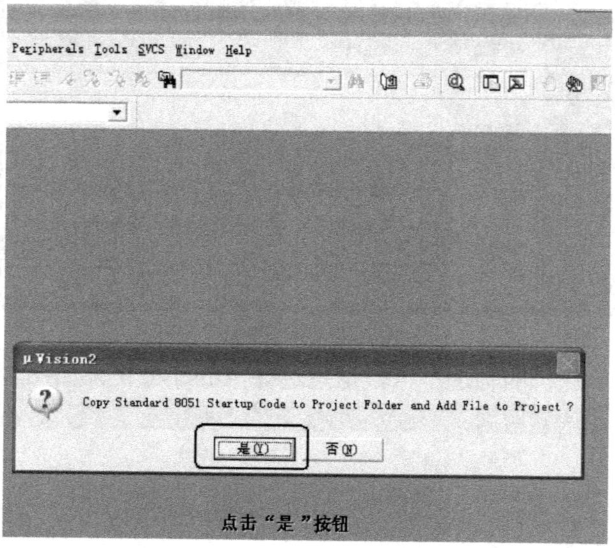

图 2-6　选择程序编写语言

(7) 新建一个文件。选择“File”菜单下的“New”命令，如图 2-7 所示，会弹出一个程序编写窗口，在这个窗口可以编写程序，如图 2-8 所示。

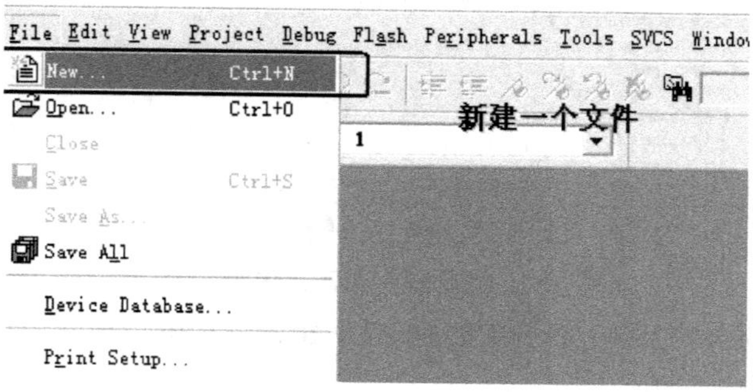

图 2-7　新建一个文件

图 2-8　程序编写窗口

(8) 编写完程序后点击保存按钮 ，保存程序，如图 2-9 所示。

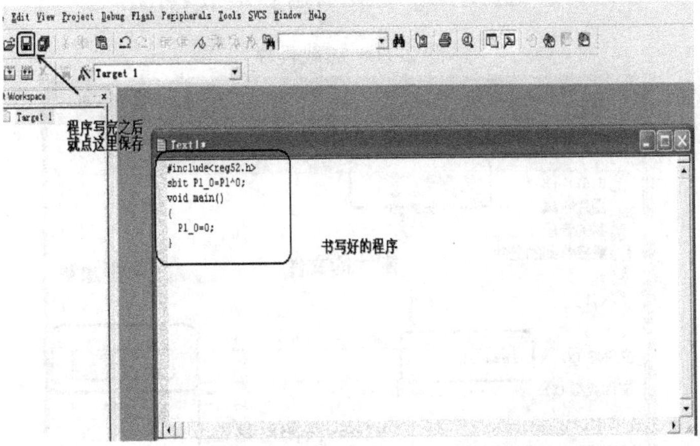

图 2-9　保存程序

(9) 在弹出“Save As”对话框中以后缀名为“.c”的名字来保存程序，如图 2-10 所示。

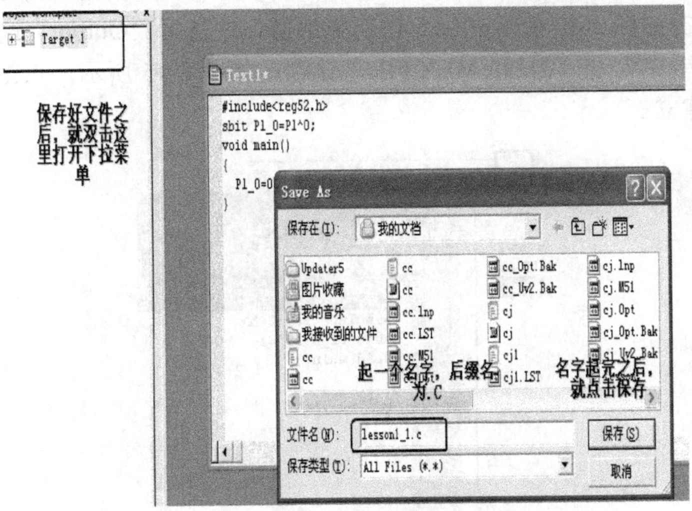

图 2-10　保存程序

(10) 打开图 2-10 中左侧下拉菜单，在“Source Group 1”命令上点击右键，弹出如图 2-11 所示的加载程序下拉菜单，选择“Add Files to Group Source Group 1”命令，导入刚才保存的程序到工程中去，如图 2-12 所示。

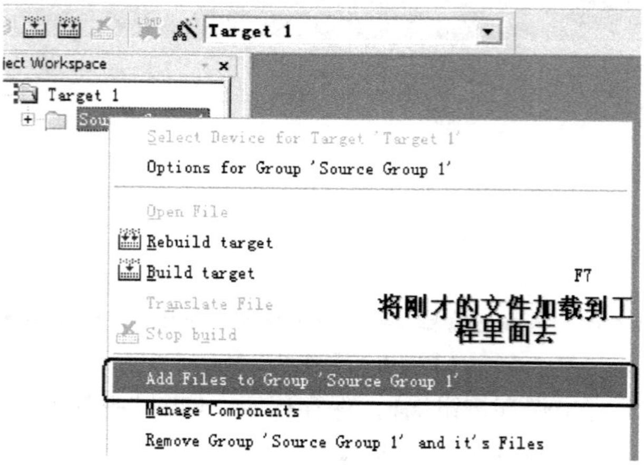

图 2-11　加载程序

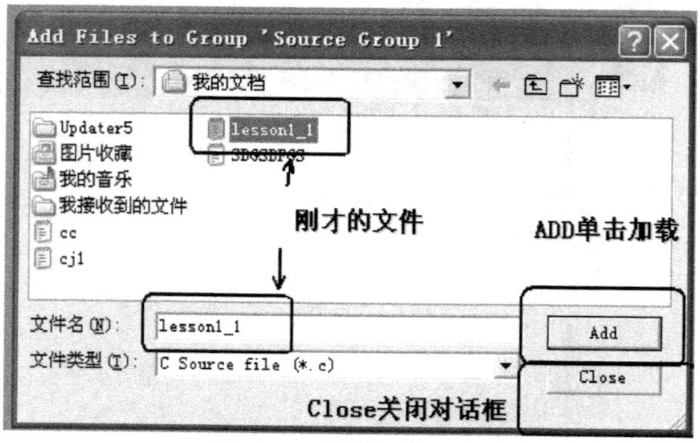

图 2-12　选择加载程序

(11) 建立 HEX 程序。因为要将程序烧写到单片机中，所以就需要将所编写的代码转换成机器码，点击如图 2-13 所示图标。在新弹出窗口中选择“Output”选项卡，如图 2-14 所示，在此选项卡中勾选“Create HEX File”选项，如图 2-15 所示，点击“确定”按钮完成 HEX 程序的建立。

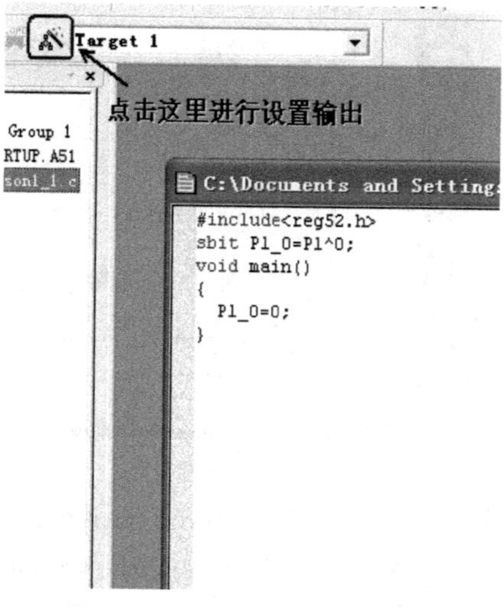

图 2-13　设置建立 HEX 程序

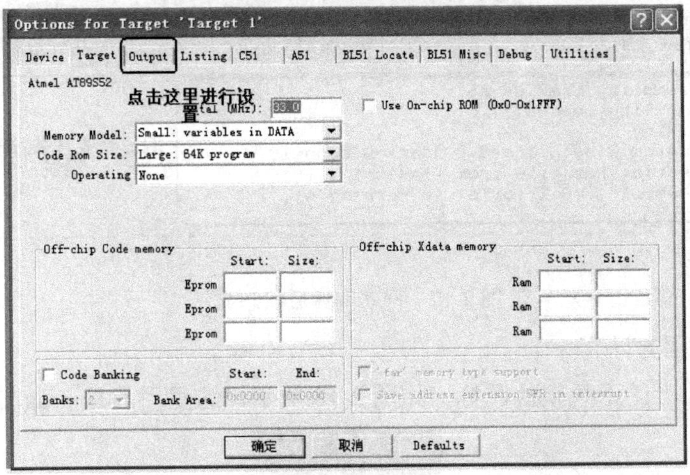

图 2-14　选择 Output 选项

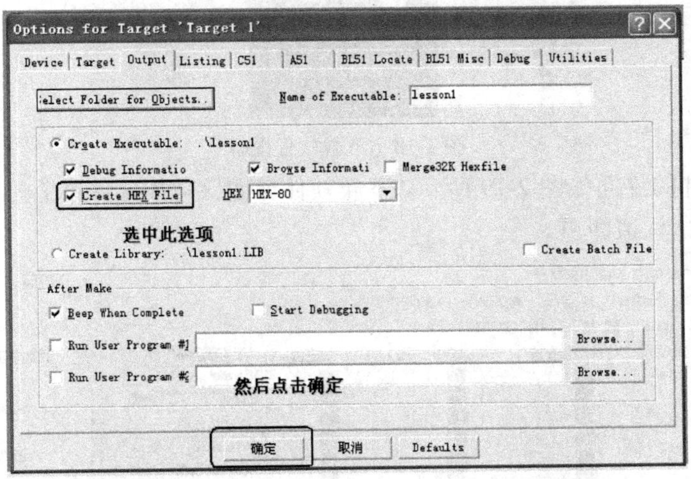

图 2-15　勾选“Create HEX File”选项

(12) 编译程序。点击如图 2-16 所示图标，编译程序，检查程序是否有错误。如果看到如图 2-17 所示图框中的状态，则表示程序没有错误，就可以将程序下载到单片机芯片中去。如果有错误，则需要改正并重新编译程序。

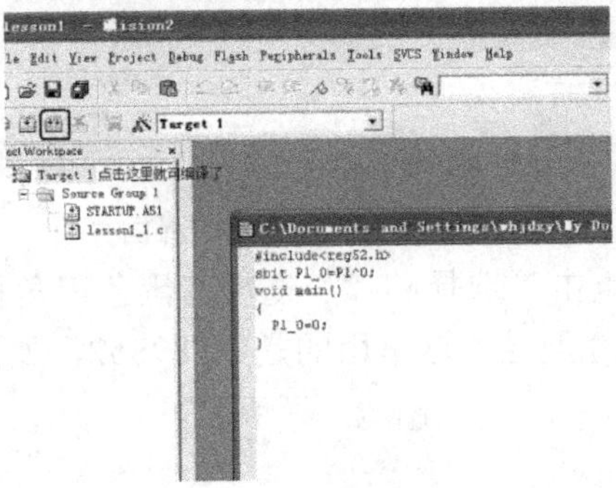

图 2-16　编译程序

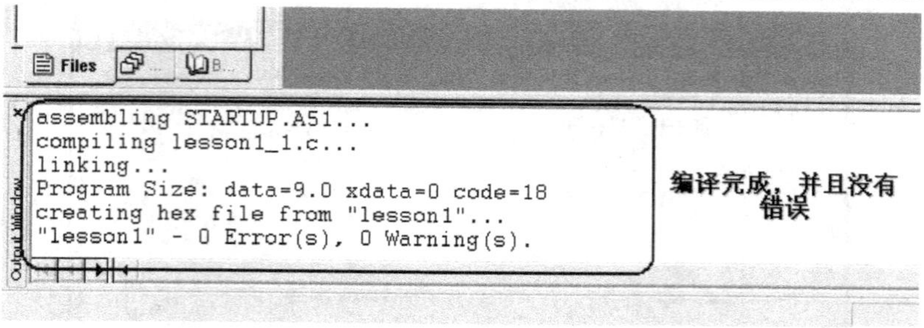

图 2-17　程序编译后状态显示

2. 下载器使用方法

(1) 点击桌面上的下载软件图标，如图 2-18 所示，这里用的是 progisp 下载软件。

图 2-18　下载软件图标

(2) 下载软件的界面如图 2-19 所示。下载软件界面比较简单，除了图 2-19 所示的几项要设置，一般为默认值即可。

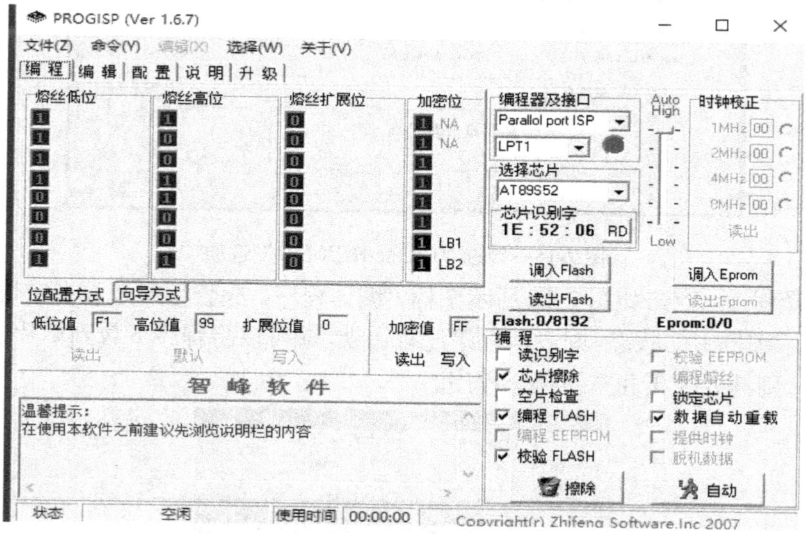

图 2-19　下载软件的界面

(3) 在下载软件界面中点击“选择芯片”选项旁黑色三角按钮，将芯片型号选择为试验箱上实际使用的单片机芯片型号，这里用的是 AT89S52，如图 2-20 所示。

图 2-20　选择芯片型号

(4) 点击“调入 Flash”按钮，如图 2-21 所示。

图 2-21　单击“调入 Flash”按钮

(5) 自动弹出如图 2-22 所示的窗口，在此窗口选择之前已经编译好并保存在“HZY”文件夹下的“1.hex”程序调入到 Flash 中。

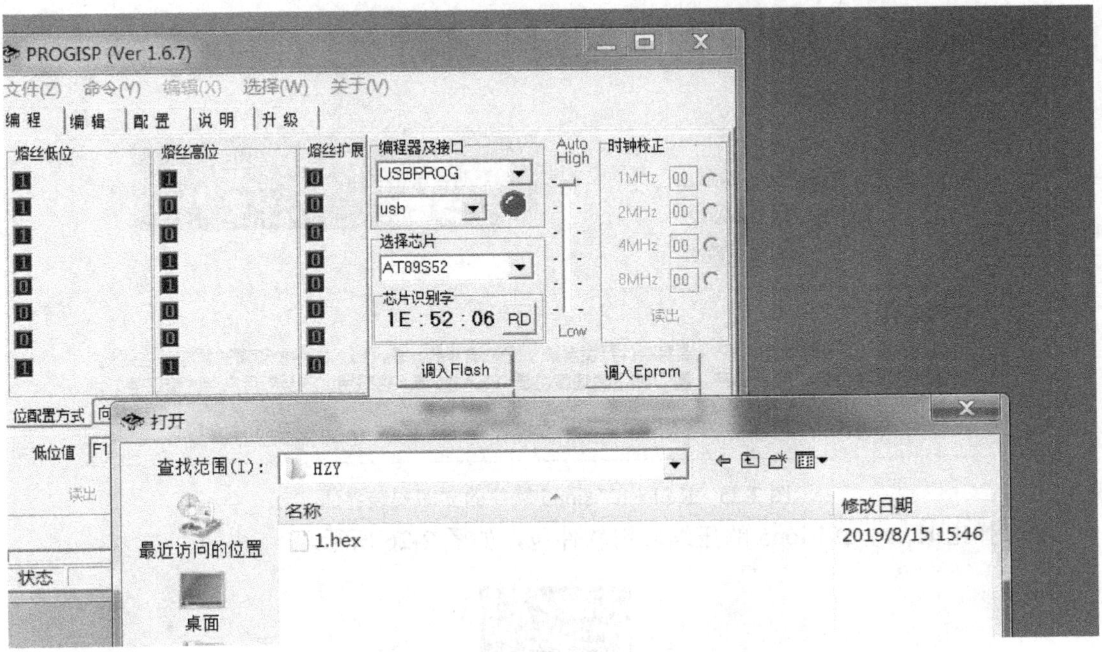

图 2-22　将 HEX 程序下载到芯片中

(6) 点击“自动”按钮，如图 2-23 所示，程序就会自动下载到单片机芯片中了。

图 2-23　选择“自动”按钮

知 识 拓 展

1. 安装 Keil 软件步骤

(1) 在百度中搜索 Keil + uVision5 版本，如图 2-24 所示。

图 2-24　Keil + uVision5 版本

(2) 找到相应的版本，点击“立即安装”按钮，如图 2-25 所示。

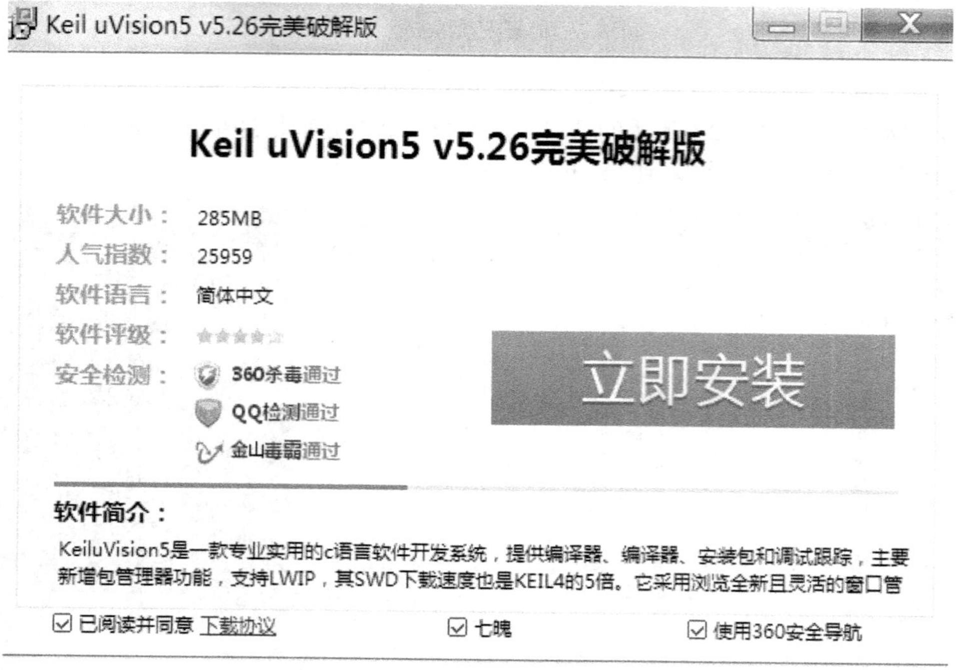

图 2-25　Keil + uVision5 软件的立即安装界面

(3) 弹出 Keil + uVision5 的压缩应用软件包，如图 2-26 所示。

图 2-26　Keil + uVision5 的压缩应用软件

(4) 双击压缩软件包打开，然后点击“KEIL_Lic.exe”运行安装软件，如图 2-27 所示。

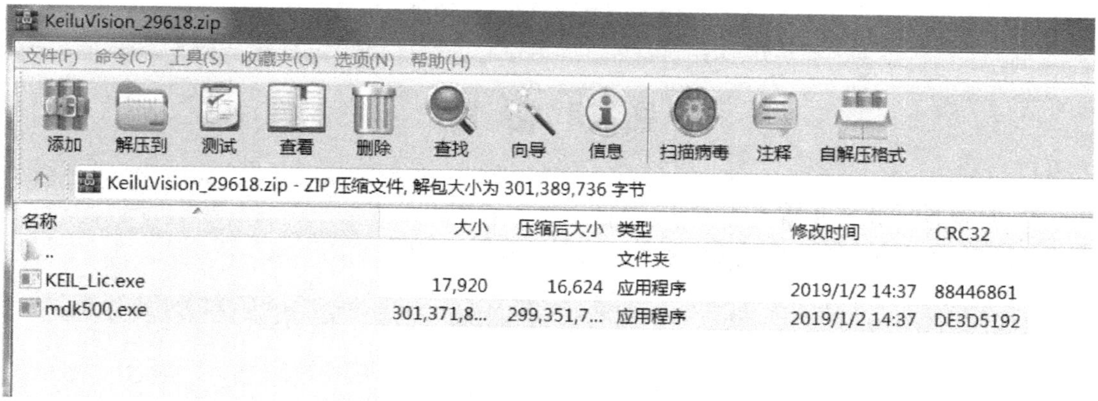

图 2-27　选择“KEIL_Lic.exe”运行安装软件

(5) 点击“Next”按钮，安装 Keil，如图 2-28 所示。

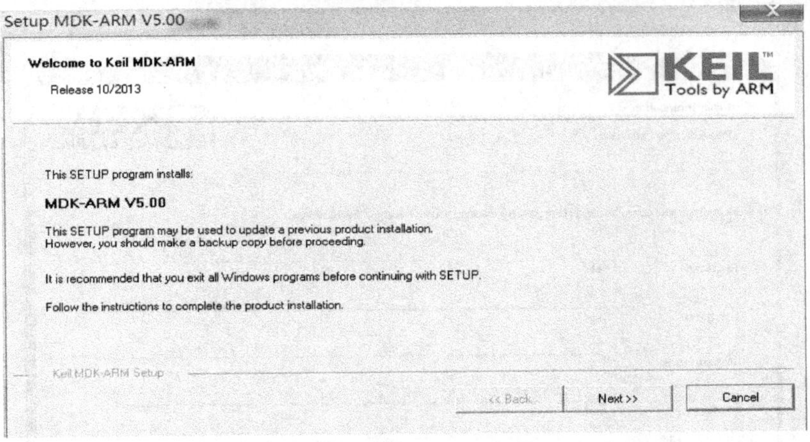

图 2-28　安装 KEIL

(6) 勾选安装许可协议，然后点击“Next”按钮，如图 2-29 所示。

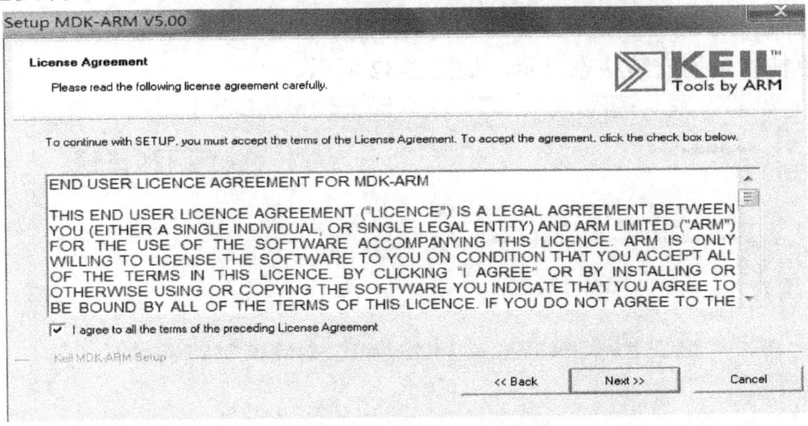

图 2-29　勾选安装许可协议

(7) 选择安装路径，这里选择安装在 D 盘的\ARM\PACK 路径下，然后点击“Next”按钮，如图 2-30 所示。

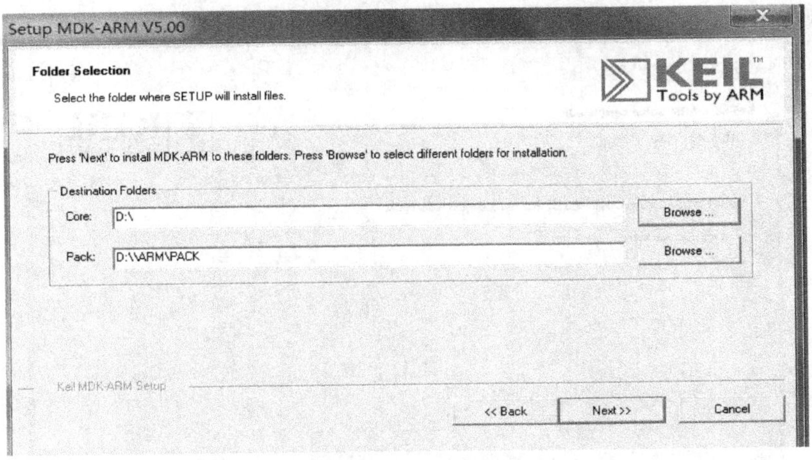

图 2-30　选择安装路径

(8) 填写相关信息，文件名、公司名、E-Mail，这里填写都是“Keil”，然后点击“Next”

按钮，如图 2-31 所示。

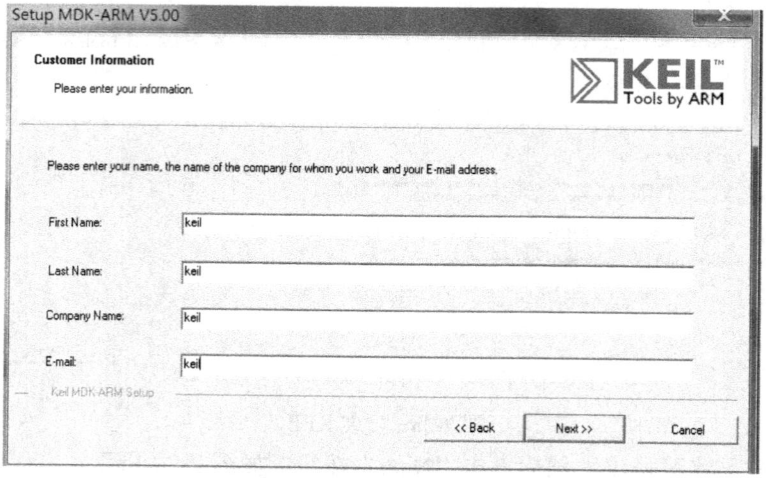

图 2-31　填写相关信息

(9) 蓝色柱状条为安装状态显示，如图 2-32 所示。

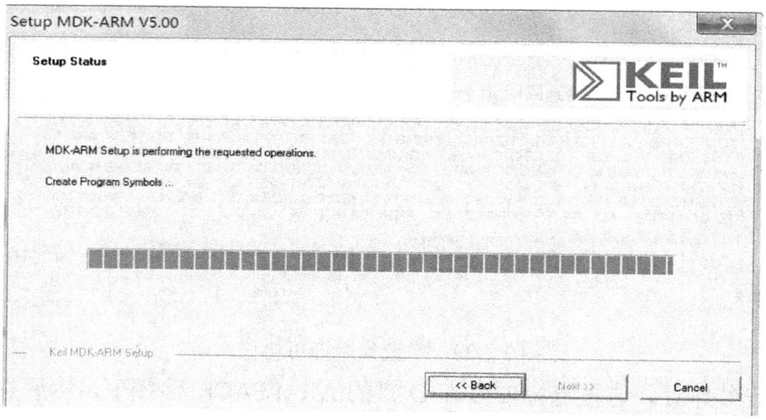

图 2-32　安装状态显示

(10) 点击“Finish”按钮结束安装，如图 2-33 所示。

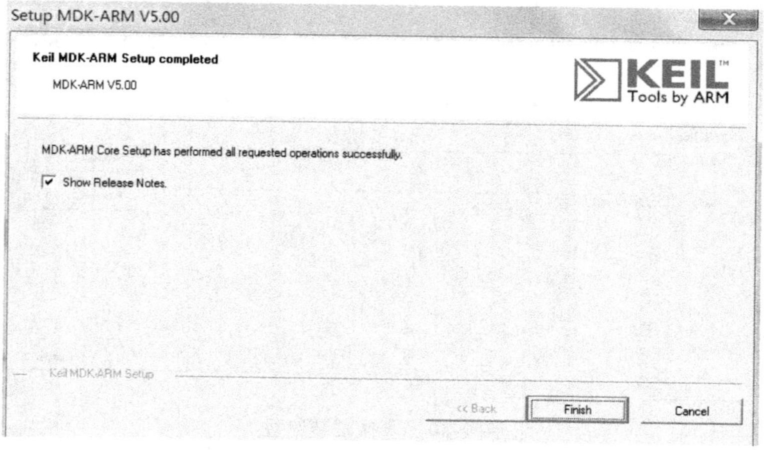

图 2-33　安装结束窗口

(11) 安装结束后，则会在桌面上自动生成快捷图标，如图 2-34 所示。

图 2-34　桌面快捷图标

(12) 双击桌面上 Keil 软件快捷图标，运行程序后在“File”菜单下点击“License Management”命令，即许可协议管理命令，如图 2-35 所示。然后弹出许可协议管理窗口，如图 2-36 所示的蓝色标记处即为安全序列号。

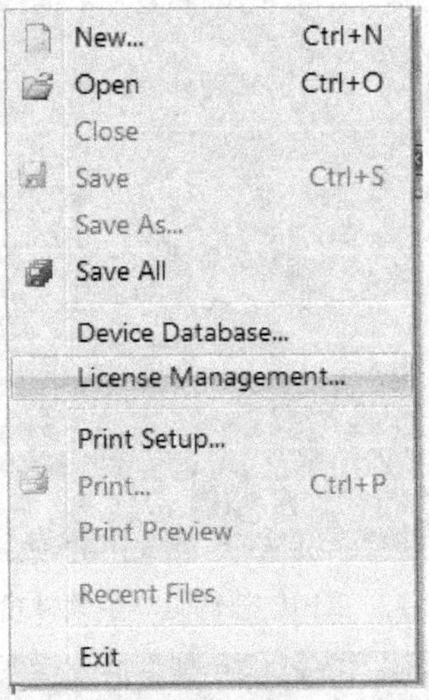

图 2-35　许可协议管理命令

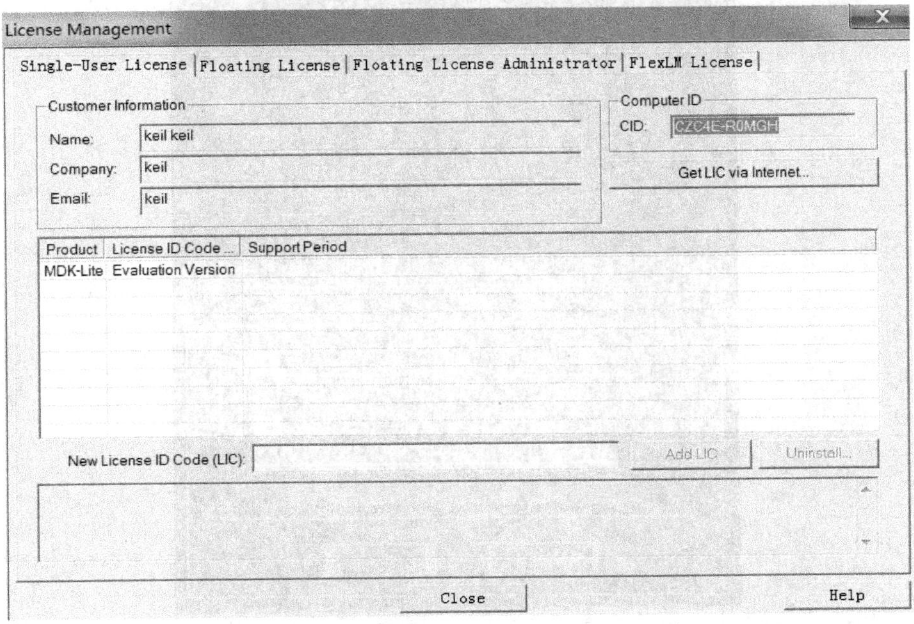

图 2-36　许可协议管理窗口

(13) 双击图 2-27 所示压缩软件包中的 mdk500.exe 软件，弹出图 2-37 所示的 Keil 破解码产生窗口，点击“Generate”按钮，自动生成一个序列号，即为破解码，如图 2-38 所示的蓝色底纹序列号，然后复制这个序列号。

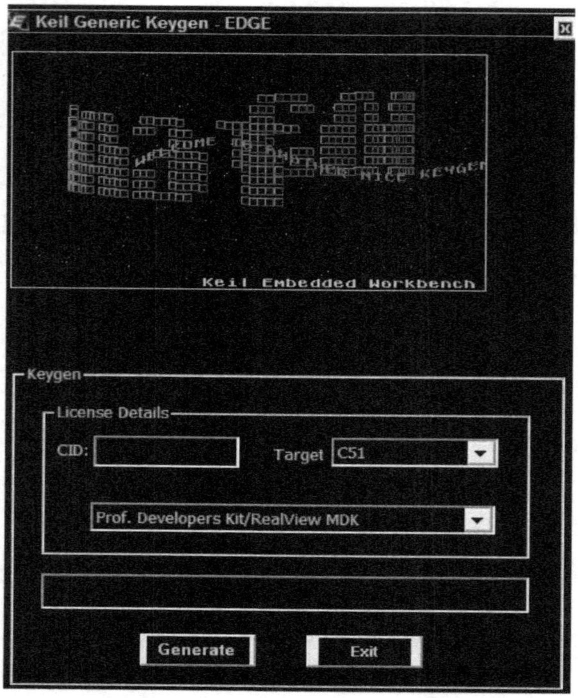

图 2-37　KEIL 破解码产生软件窗口

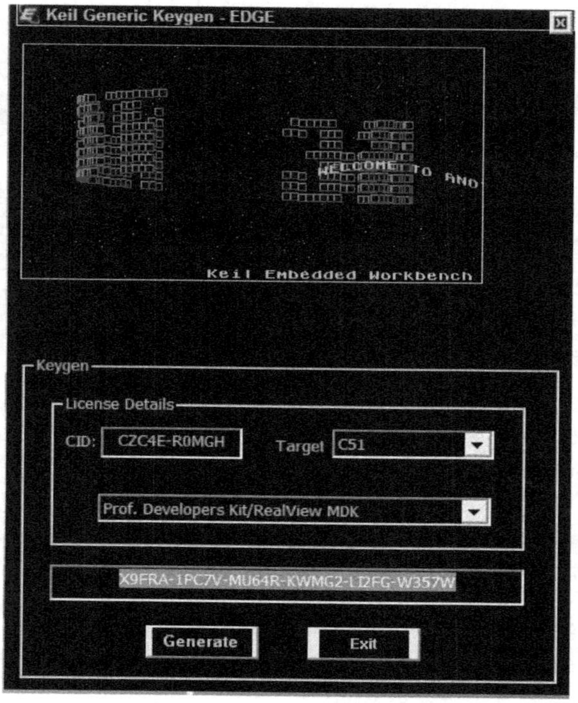

图 2-38　KEIL 软件序列号

(14) 将复制的序列号粘贴到如图 2-39 所示的“New License ID Code”文本框中，然后点击“Add LIC”按钮，弹出如图 2-40 所示的窗口，窗口标注处显示此软件版本有效期为 2020 年。

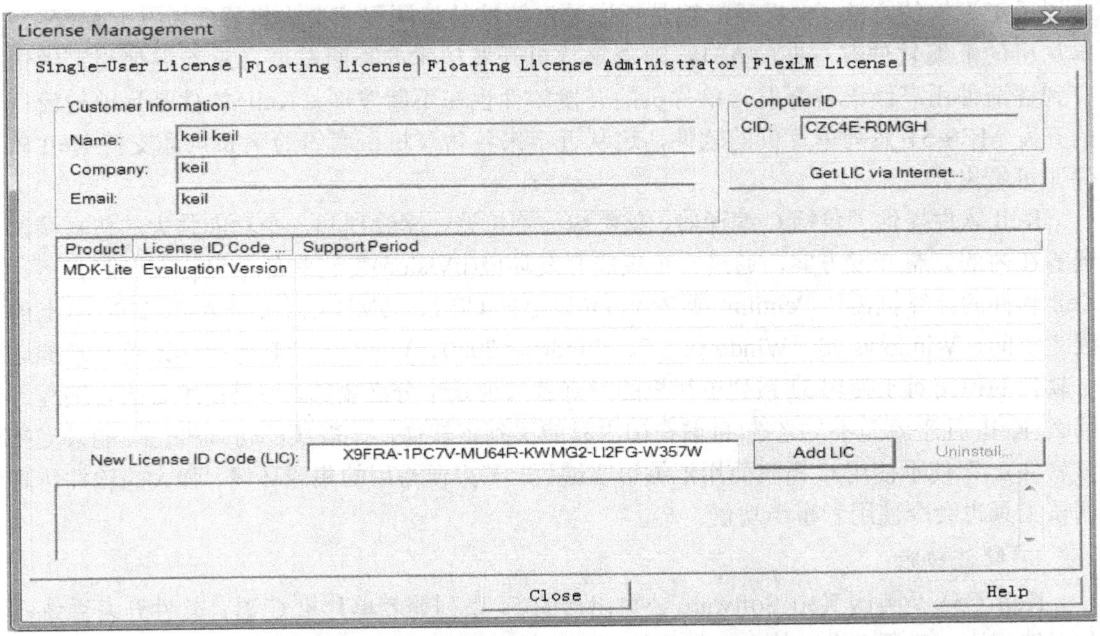

图 2-39　加载序列号窗口

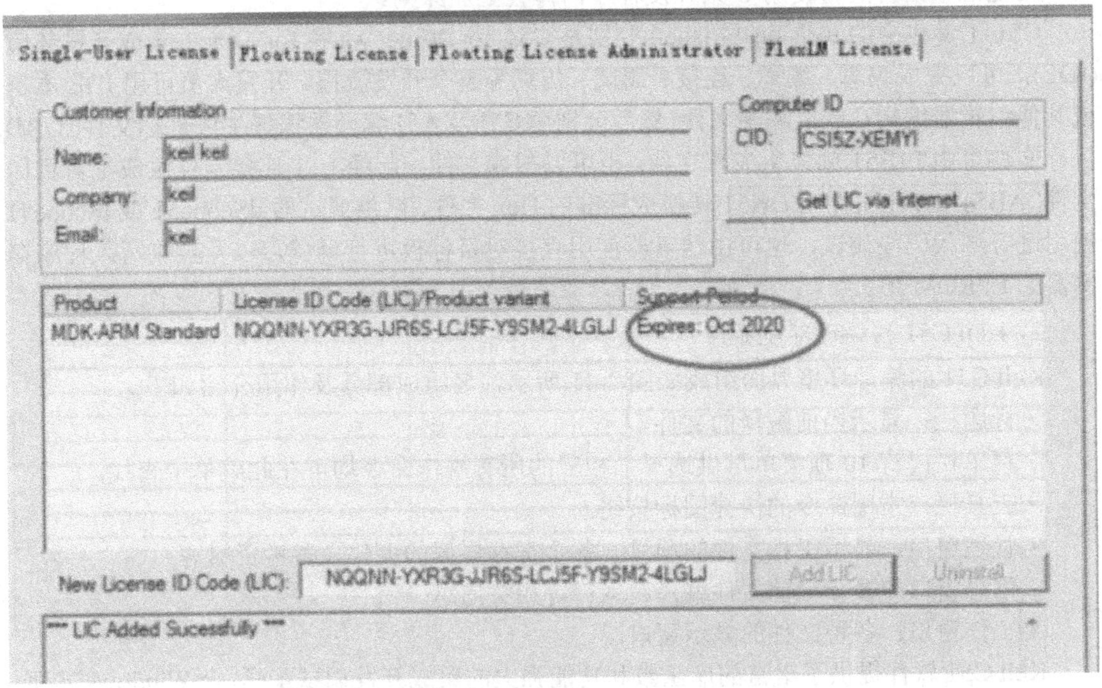

图 2-40　软件的有效期

2. Keil C51 软件简介

单片机开发中除必要的硬件外，同样离不开软件。将编写的汇编语言源程序要变为CPU 可以执行的机器码有两种方法，一种是手工汇编，另一种是机器汇编，目前已极少使用手工汇编的方法了。机器汇编是指通过汇编软件将源程序变为机器码，用于 MCS-51 单片机的汇编软件有早期的A51，随着单片机开发技术的不断发展，从普遍使用汇编语言到逐渐使用高级语言开发，单片机的开发软件也在不断发展，Keil 软件是目前最流行的开发 MCS-51 系列单片机的软件，这从近年来各仿真机厂商纷纷宣布全面支持 Keil 软件即可看出。

Keil 软件提供了包括 C 编译器、宏汇编、连接器、库管理和一个功能强大的仿真调试器等在内的完整开发方案，通过一个集成开发环境(uVision)将这些部分组合在一起。运行 Keil 软件的计算机需要 Pentium 或 Pentium 以上的 CPU、16MB 以上的 RAM、20M 以上的硬盘空间、Windows 98、Windows NT、Windows 2000、Windows XP 等操作系统。掌握这一软件的使用对于使用51系列单片机的爱好者来说是十分必要的。如果使用C语言编程，那么 Keil 几乎就是不二之选(目前在国内只能买到该软件，一般买的仿真机也可能只支持该软件)。即使不使用 C 语言而用汇编语言编程，其方便易用的集成环境、强大的软件仿真调试工具也会令使用者事半功倍。

1) 软件功能

Keil C51 是美国 Keil Software 公司出品的 51 系列兼容单片机 C 语言软件开发系统，与汇编相比，C 语言在功能上、结构性、可读性、可维护性上有明显的优势，因而易学易用。用过汇编语言后再使用 C 来开发程序，体会更加深刻。

C51 工具包中的 uVision 与 Ishell 分别是 C51 for Windows 和 for Dos 的集成开发环境(IDE)，可以完成编辑、编译、连接、调试、仿真等整个开发流程。开发人员可用 IDE 本身或其他编辑器编辑C或汇编源文件，然后分别由C51及A51编译器编译生成目标文件(.OBJ)。目标文件可由 LIB51 创建生成库文件，也可以与库文件一起经 L51 连接定位生成绝对目标文件(.ABS)。ABS 文件由 OH51 转换成标准的 Hex 文件，以供调试器 dScope51 或 tScope51 使用进行源代码级调试，也可由仿真器使用直接对目标板进行调试，以及直接写入程序存储器如 EPROM 中。

2) Keil C51 的编译环境界面

Keil C51 的编译环境界面组成如图 2-41 所示，名组成部分及作用介绍如下。

- 标题栏：显示当前编译的文件。
- 菜单栏：有 10 项菜单可供选择，相应的所有操作命令均可在此菜单中查找。
- 工具栏：常用命令的快捷图标按钮。
- 管理窗口：显示工程文件的项目、各个寄存器值的变化、参考资料等。
- 信息窗口：显示当前文件编译、运行等相关信息。
- 工作窗口：各种文件的显示窗口。

Keil C51 软件提供了丰富的库函数和功能强大的集成开发调试工具，全 Windows 界面。另外重要的一点，只要看一下编译后生成的汇编代码，就能体会到 Keil C51 生成的目标代码效率非常之高，多数语句生成的汇编代码很紧凑，容易理解，在开发大型软件时更能体现高级语言的优势。下面详细介绍 Keil C51 开发系统各部分功能和使用。

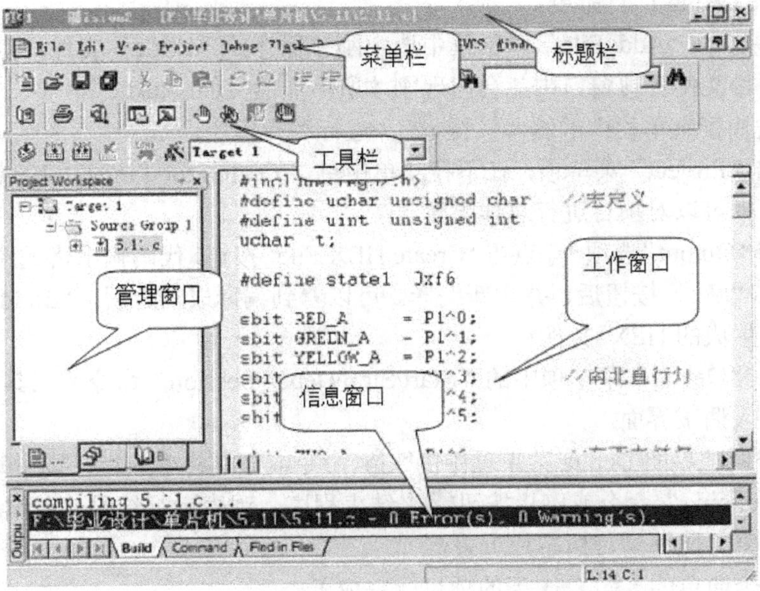

图 2-41　Keil C51 编译环境界面

3) Keil C51 软件应用流程

下面以建立一个简单的项目为例来说明 Keil 51 开发项目的一般方法。

(1) 打开 Keil C51 软件，首先弹出一个开机启动画面。

(2) 进入 Keil C51 的开发界面。下面简要介绍一下 Keil C51 开发环境中各个区域的功能。

Keil C51 开发环境可以分为四个区域，分别为菜单栏、项目文件管理窗口、代码编译窗口和代码编译信息窗口 4 个部分。菜单栏下面的子命令是一些常用的菜单命令，如文件的打开、关闭及保存等命令，其中编译命令最为常用。中间靠左是项目文件管理窗口，在这里可以看到当前项目中所包含的所有带编译的文件。项目文件管理窗口的右侧是代码编译窗口，是最主要的工作区域。最下面窗口显示代码编译的信息，当代码有语法错误时，在这里可以轻松地找到问题的所在。

(3) 点击“Project”菜单项，在下拉菜单中选择“New Project”命令。

(4) 在弹出“Create New Project”对话框中选择合适的文件路径，并在文件名一栏中填入新工程的名字，然后点击“Yes”按钮。

(5) 根据所用的器件，选择 CPU 的型号，然后点击“Yes”按钮。

(6) Keil C51 询问是否生成默认的配置文件，这个可选可不选，这里选定。点击“Yes”按钮，并观察项目文件管理窗口的变化。

(7) 在“File”菜单下单击“New”命令，新建文件，此时在代码窗口出现一“Text1”空白文档。

(8) 在“Text1”中编辑完代码后，点击“File”菜单中的保存项，弹出保存对话框，保存文件名为“text.c”，点击“Save”按钮。注意在对文件命名时必须加扩展名。

(9) 在项目导航栏中“Source Group”上点击右键，在弹出下拉菜单中点击“Add File to Group ‘Source Group 1’”命令。

(10) 在弹出的“Add File”对话框中选中刚才保存的“text.c”文件，点击“Add”按钮，此时在项目文件管理窗口中就会出现刚才所添加的文件“text.c”。

(11) 点击快捷菜单栏中的编译按钮，进行编译程序。

(12) 点击“Project”菜单项，在下拉菜单中单击 Option for Target ‘Target 1’ 命令，在弹出的对话框中可以对项目进行总体配置。

(13) 选择“Output”选项卡，点击“Create HEX File”按钮，代码输出格式应为 HEX-80。

(14) 点击“Yes”按钮后，并重新编译。可以看到编译成功之后，“Build”选项卡里又多了一项，为生成的 HEX 文件。

(15) 点击“Debug”菜单项中的“Start/Stop Debug Session”命令或工具栏中的开始调试按钮，进入调试界面。

(16) 点击调试界面 Debug 菜单项中的“Go”命令或工具栏中的运行按钮运行程序，点击“Stop Running”命令或停止按钮来结束程序。观察运行结果，若结果正确，便可通过下载软件将它烧写到目标芯片上去。

这样，一个简单的 Keil C51 下的项目就完成了。

注：Keil C51 对汇编语言文件的编译调试步骤和对 C 语言的编译调试基本上是一样的，只是在第(8)步中用汇编语言进行代码的编写，并在保存文件时扩展名要更改为“. asm”。

课 后 练 习

(1) 简述如何利用 Keil C51 软件建立一个工程。

(2) 简述如何利用 Keil C51 软件加载程序。

(3) 简述利用 Keil C51 软件从建立一个工程到编译的过程。

(4) 用下载软件下载的程序必须是什么格式的程序？

(5) 简述如何利用下载软件下载程序。

项目三　单片机控制点亮一盏 LED 灯

项 目 目 标

1. 知识目标

(1) 掌握 STC89C52 单片机引脚物理排列图。

(2) 掌握 STC89C52 单片机引脚功能分区及引脚功能。

(3) 掌握 C 语言编程的基础知识。

(4) 掌握单片机控制点亮一盏 LED 灯的程序设计思路。

(5) 了解 51 系列单片机内部结构及几个大部件的功能。

2. 技能目标

(1) 掌握用 Keil 软件编写点亮一盏 LED 灯的程序。

(2) 掌握程序出错后的调试方法。

(3) 掌握用下载软件下载程序到芯片中并联合调试软硬件错误，最终显示程序效果。

(4) 会描述程序语句的含义。

项 目 要 求

用单片机 P1 口的第一位控制一盏 LED 灯点亮。

知 识 链 接

1. STC89C52 单片机引脚图

STC89C52 单片机引脚物理排列图如图 3-1 所示。

单片机芯片正面朝上，上端为凹槽，左边第一个引脚则为第 1 号引脚，引脚逆时针旋转编号，一共有 40 个引脚，其中有 P0、P1、P2、P3 共 32 个引脚，其他 8 个控制引脚。P 口编号的特点是左奇右偶，上小下大的排列特点。每个引脚都可用作控制外设的输入、输出位，也可 8 个位一起控制，称为总线控制。

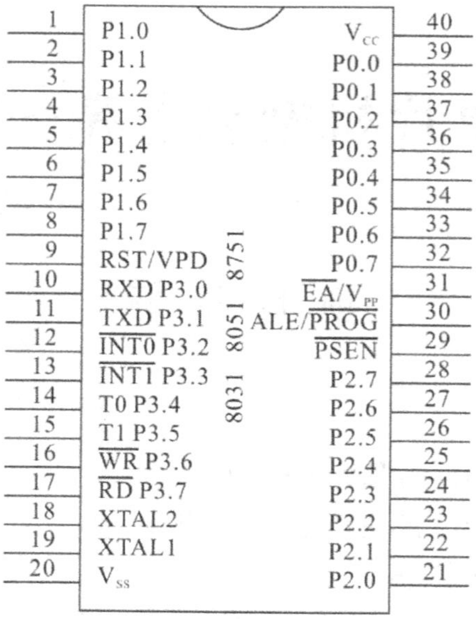

图 3-1　STC89C52 单片机引脚物理排列图

2. STC89C52 引脚功能介绍

STC89C52 是一种低功耗、高性能 CMOS 八位微控制器，具有 8 K 字节系统可编程 Flash 储存器。采用 Atmel 公司高密度、非易失性储存器技术制造，与工业 80C51 产品指令和引脚完全兼容。芯片上的可编程 Flash，使得 STC89C52 为众多嵌入式控制应用系统提供了高灵活、超有效的解决方案。

STC89C52 具有以下标准功能：8 K 字节 Flash、256 字节 RAM、32 位 I/O 口线、看门狗定时器、两个数据指针、3 个 16 位定时器/计数器，1 个 6 向量两级中断结构、全双工串行口、片内晶振及时钟电路。另外，AT89S52 可降至 0 Hz 静态逻辑操作，支持两种软件可选择节电模式。空闲模式下，CPU 停止工作，允许 RAM、定时器/计数器、串口、中断继续工作。掉电保护方式下，RAM 内容被保存，振荡器被冻结，单片机一切工作停止，直到下一个中断或硬件复位为止。

STC89C52 引脚功能图如图 3-2 所示，引脚按功能分为 4 个区，分别是电源引脚、时钟引脚、控制引脚和并行输入/输出口。

(1) 电源及时钟引脚。

XTAL2(18 脚)：接外部晶体的一端。

XTAL1(19 脚)：接外部晶体的另一端。

时钟引脚(18、19 脚)外接晶体时与片内的反相放大器构成一个振荡器，它提供单片机的时钟控制信号。时钟引脚也可外接晶体振荡器。

GND (20 脚)：接地。

V_{CC} (40 脚)：接 + 5V 电源。

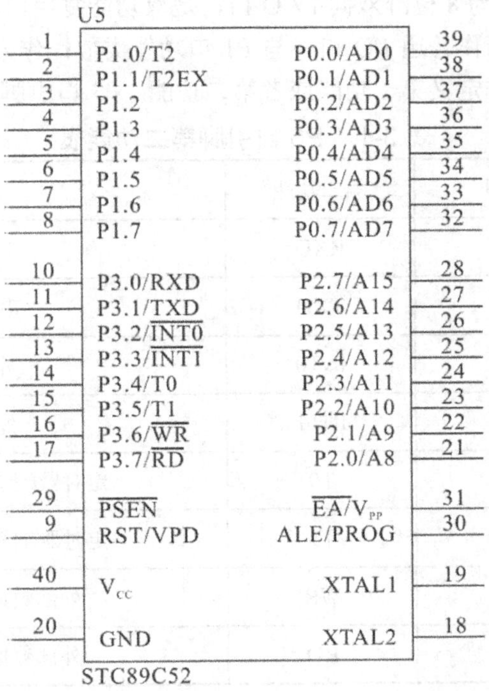

图 3-2　STC89C52 引脚功能图

(2) 控制引脚。

RST/VPD(9 脚)：当振荡器运行时，在此引脚加上两个机器周期的高电平将使单片机复位(RST)。

$\overline{\text{PSEN}}$(29 脚)：此输出为访问外部程序存储器的读选通信号。

ALE/PROG(30 脚)：当单片机访问外部存储器时，ALE(地址锁存允许)输出脉冲的下降沿用于锁存 16 位地址的低 8 位。即使不访问外部存储器，ALE 端仍有周期性正脉冲输出，其频率为振荡器频率的 1/6。

$\overline{\text{EA}}/V_{PP}$(31 脚)：当 EA 端保持高电平时，单片机访问的是内部程序存储器(对 8051、8751 来说)，但当 PC(程序计数器)值超过某值(如 8751 内部含有 4KB EPROM，值为 0FFFH) 时，将自动转向执行外部程序存储器内的程序。当 EA 端保持低电平时，则不管是否有内部程序存储器而只访问外部程序存储器。

(3) 并行输入/输出口。

P0 口(P0.0～P0.7)：为双向 8 位三态 I/O 口，当作为 I/O 口时，可直接连接外部 I/O 设备。它是地址总线低 8 位及数据总线分时复用口，可驱动 8 个 TTL 负载。一般作为扩展时地址/数据总线。

P1 口(P1.0～P1.7)：为 8 位准双向 I/O 口，可定义为输入线或输出线(作为输入时，口锁存器必须置 1)，可驱动 4 个 TTL 负载。

P2 口(P2.0～P2.7)：为 8 位准双向 I/O 口，当作为 I/O 口时，可直接连接外部 I/O 设备。它是与地址总线高 8 位复用，可驱动 4 个 TTL 负载。一般作为扩展时地址总线的高 8 位，可驱动 4 个 TTL 负载。

P3 口(P3.0～P3.7)：为 8 位准双向 I / O 口，是双功能复用口，可驱动 4 个 TTL 负载。作为第一功能使用就是当作普通 I/O 口，与 P1 口功能类似；作为第二功能使用时，P3 口的每一个引脚都可以独立定义第一功能或者第二功能。P3 口引脚第二功能见表 3-1。

表 3-1　P3 口引脚第二功能表

标号	引脚	第二功能	说　明
P3.0	10	RXD	串行输入口
P3.1	11	TXD	串行输出口
P3.2	12	INT0	外部中断 0
P3.3	13	INT1	外部中断 1
P3.4	14	T0	定时器/计数器 0 外部输入端
P3.5	15	T1	定时器/计数器 1 外部输入端
P3.6	16	WR	外部数据存储器写脉冲
P3.7	17	RD	外部数据存储器读脉冲

3. 文件包含处理

在程序中引用头文件，其实际意义就是将这个头文件的全部内容放到引用头文件的位置处，避免每次编写同类程序时都要将头文件的语句重复编写。

将头文件加入所编写的代码中有 #include<reg52.h>和#include “reg52.h” 两种方法，一般习惯使用 #include<reg52.h>这种方法来包含头文件。注意：后面没有分号。

Keil C51 中常用的头文件有以下几种：reg51.h、reg52.h、math.h、ctype.h、stdio.h、absacc.h 和 intrins.h。可以发现头文件都有一个共同的特征：后缀都为“.h”。其实常用的头文件并不多，较常用的有 reg51.h、reg52.h 和 absacc.h 等。

reg51.h 和 reg52.h 里面的大部分内容都是一样的，只不过因为 52 单片机比 51 单片机多了一个定时器，所以在 reg52.h 这个头文件里就多了几行关于定时器 2 的定义。大部分情况下，使用这两个头文件没有什么区别。

reg52.h 文件内容如下(已经删减，完整内容读者可以自行打开这个文件查看，将鼠标移动到 reg52.h 上，单击右键，选择【open document <reg52.h>】，即可打开该文件)：

```
/*--------------------------------------------------------------------
REG52.H
Header file for generic 80C52 and 80C32 microcontroller.
Copyright (c) 1988-2002 Keil Elektronik GmbH and Keil Software, Inc.
All rights reserved.
-------------------------------------------------------------------- */
#ifndef __REG52_H__
#define __REG52_H__
```

```
/*  BYTE Registers  */
sfr P0     = 0x80;
sfr P1     = 0x90;
sfr P2     = 0xA0;
sfr P3     = 0xB0;
sfr PSW    = 0xD0;
sfr PCON   = 0x87;
sfr TCON   = 0x88;
sfr TMOD   = 0x89;
sfr TL0    = 0x8A;
sfr TL1    = 0x8B;
sfr TH0    = 0x8C;
sfr TH1    = 0x8D;
sfr SCON   = 0x98;
sfr SBUF   = 0x99;
/*  8052 Extensions  */
sfr T2CON  = 0xC8;
sfr RCAP2L = 0xCA;
sfr RCAP2H = 0xCB;
/*  T2CON  */
sbit C_T2   = T2CON^1;
sbit CP_RL2 = T2CON^0;
#endif
```

注：

sfr — 特殊功能寄存器的数据声明，声明一个八位的寄存器。

sfr16 — 16 位特殊功能寄存器的数据声明。

例如，定义特殊功能寄存器 TMOD 如下：

sfr TMOD=0x89;

TMOD 是单片机的定时器/计数器工作方式寄存器，这个寄存器在单片机内的内存地址是 0x89，这样使用 sfr 声明后，就会将 0x89 这个地址定义为 TMOD 这个符号，以后要对 0x89 这个内存地址进行操作时，就可以使用 TMOD 这个符号了。说得通俗点，TMOD 就是对 0x89 这个内存地址起的一个名字，当然也可以给它命名其他名字。

4. 主函数

1) 格式

```
void main()
```

主函数就是主程序，是 C 语言程序执行的开始，不可缺少，并且 C 语言规定，一个程序里面只能有一个名为 main 的函数，也就是说，一个 C 语言程序里面只能有一个主函数。C 语言程序运行时都是从 main()开始，主函数可以调用其他子函数，子函数执行完之后，就会又回到主函数。主函数的内容由大括号｛｝括起来，括号内书写程序，并且每句程序结束都要加分号“；”。

2) 注意事项

main()后面的括号是没有分号的；在 C 语言程序书写时候，语句与语句之间用空格或回车隔开。

3) 举例

```
void main()
 {
在这里书写其他语句，并且主程序从这里开始执行；
        ……
}
```

5. C 语言注释的写法

在 C 语言中，注释有以下两种写法。

(1) “//……”：在双斜杠后面写要写的注释。这种注释方法只适合单行程序，当换行时，又必须在新行首重新写两个斜杠。

(2) “/*…*/”：这两个符号之间的所有内容都会被当作注释，这种方法可以是任意一行的。

所有的注释都不参与程序编译，编译器在编译过程中会自动删去注释。写注释的好处是以后在调试、检查程序的时候能够一目了然，知道这句程序的含义，而不用再费神去想这句程序什么意思。养成良好的写注释习惯为以后的编程可以提供极大的方便。

6. 位定义

1) 格式

```
sbit  字符=P 口的某一位；
```

其中 sbit 是关键字，不可以改变的；字符可以是任意给定的一个方便记忆的英文字符串，这个字符串不能和 C 语言中的关键字相同即可。

2) 注意

单片机并不认识程序中所写的“P1^0”是什么意思，因为程序在头文件中并未定义“P1^0”，所以在程序中必须先位定义才能使用，即用关键字 sbit 来定义。另外“P”不能写成“p”，因为编译器并不认识“p1”这个符号，它只认得“P1”，这是因为程序在头文件中定义的是“sfr P1=0x90;”。

3) 举例

```
sbit LED1=P1^0;              //位定义 P1 口的最末位为 LED1 这个符号
```

7. 编程思路

要用单片机的 P1 口来控制某一个发光二极管 LED，其实质就是控制单片机 P1 口的位置 0。这里规定单片机引脚为低电平即表示接通了该引脚所连 LED 灯的电路，则这个 LED 灯就被点亮了。

8. 用单片机点亮一个 LED 灯

1) 电路图

用单片机控制点亮一个 LED 灯电路如图 3-3 所示。

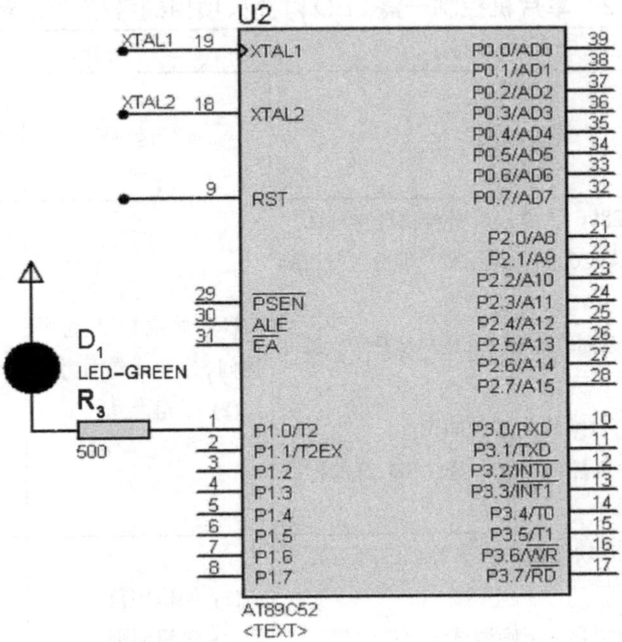

图 3-3　用单片机控制点亮一个 LED 灯电路图

2) 参考程序

```
#include <reg52.h>          //加载头文件
sbit LED1=P1^0;             //位定义 P1 口的最末位为 LED1 这个符号
void main( )                //主程序的开始
{
  while(1)                  //当 while 括号中数字不为 0 即为真，受 while 控制的语句便进
                              入无限循环中
  LED1=0;                   //点亮与 P1.0 引脚所连的 LED 灯
}
```

3) 连线

将实验箱上的单片机 P1 口的第一位(即最末位 P1.0)和 LED 灯的引出脚(一般都是插针或是孔，会用符号标志出来)用杜邦线相连即可。

4) 注意事项

(1) 每个程序都一定要加载头文件；

(2) 每个程序有且仅有一个主函数；

(3) 位控制一定要先定义再使用；

(4) 位定义的名字比如 LED1 是可以任意命名的，主要方便记忆和使用，但是不能和关键字同名，比如不能是 sbit、main 等；

(5) P 口的字母书写一定要是大写字母。

9. 评价参考表

单片机控制一盏 LED 灯亮灭项目的考核评价参考表如表 3-2 所示。

表 3-2　单片机控制一盏 LED 灯亮灭项目的考核评价参考表

班级：	姓名：	得分：				
评价要素	评价标准	评价依据	评价方式			合计
			个人 20%	小组 20%	老师 60%	
知识 30 分	(1) 掌握 STC89C52 单片机引脚物理排列图 (2) 掌握 STC89C52 单片机引脚功能分区及引脚功能 (3) 了解 51 系列单片机内部结构及几个大部件的功能 (4) 掌握 C 语言编程的基础知识 (5) 掌握单片机控制点亮一盏 LED 灯的程序思路	(1) 学生回答老师提问、作业或卷面考核 (2) 小组总结				
技能 50 分	(1) 能用 Keil 软件编写用单片机控制点亮一盏 LED 灯的程序 (2) 能在老师指导下正确调试程序的错误 (3) 会用下载软件下载程序到单片机芯片中去 (4) 会在老师指导下联合调试软、硬件错误并显示出最终效果 (5) 会描述程序语句的含义	(1) 操作规范 (2) 逻辑清晰 (3) 表达清楚 (4) 在老师指导下能完成程序故障诊断与调试				
素养 20 分	(1) 能在工作中自觉地执行 6S 现场管理规范，遵守纪律，服从管理 (2) 能积极主动地按时完成学习及工作任务 (3) 能规范操作 (4) 有条不紊，逻辑性强 (5) 能在学习中与其他学员团结协作	(1) 考勤 (2) 动作规范 (3) 思路清晰 (4) 6S 现场管理规范				
总　评						

知 识 拓 展

1. 电子电路基础知识

电路的基础知识包括电路的组成、电路的状态、电路的连接关系等，是分析电路工作状态的基础。只有能看懂电路，会正确判断电路的连接方式，才能进一步对电路进行分析和计算。

一个正确的电路应该由下列基本组成部分组成：电源、用电器、开关和导线(如图 3-4 所示)。电源起着把其他形式的能量转化为电能并给用电器提供电能的作用；导线起着连接电路元件和把电能输送给用电器的作用；开关控制电能的输送(电流的通断)；用电器将电能转化为其他形式的能量。如果一个电路缺少了这四个基本组成部分中的一部分，这个电路就不能正常工作或存在危险(短路现象)。

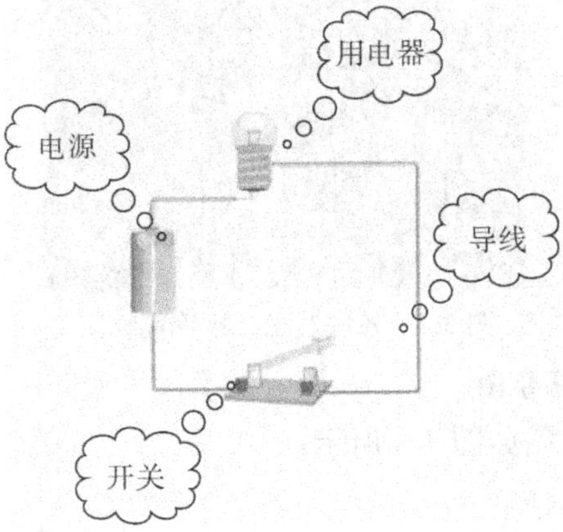

图 3-4　电路的基本组成

2. 电路的三种状态

(1) 通路：接通的电路。特征为电路中有电流而且用电器正常工作。

(2) 开路：断开的电路。特征为电路中无电流，用电器不能正常工作。

(3) 短路：电源两端或用电器两端直接用导线连接起来(电流不经过用电器)。特征为电源短路，电路中有很大的电流，可能烧坏电源或烧坏导线的绝缘皮，很容易引起火灾。并联电路中，一旦某一个支路发生短路，则整个电路就短路了。

3. 二极管及发光二极管

1) 二极管的结构与电路符号

(1) 二极管基本结构。二极管的结构如图 3-5 所示，采用掺杂工艺，使硅或锗晶体的一边形成 P 型半导体区域，另一边形成 N 型半导体区域，在 P 型与 N 型半导体的交界面会形成一个具有特殊电性能的薄层，称为 PN 结。从 P 区引出的电极作为正极，从 N 区引出的电极作为负极。二极管通常用塑料、玻璃或金属材料作为封装外壳。

(2) 二极管图形符号：在电子线路图中，用约定的图形符号和文字符号来表示二极管器件，如图 3-6 所示。电路符号图形的箭头一边代表正极，另一边代表负极，箭头所指方向则为电流流通的方向，通常用字母 V 或者 D 表示二极管。

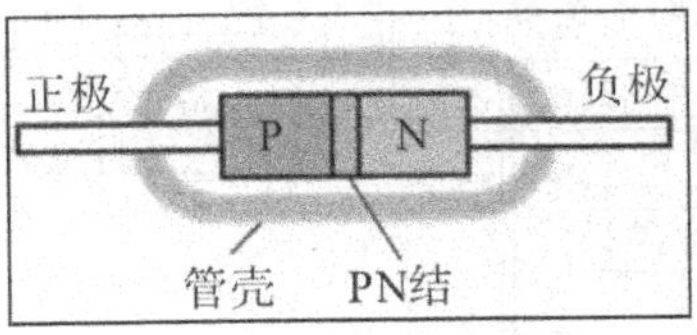

图 3-5　二极管的结构图

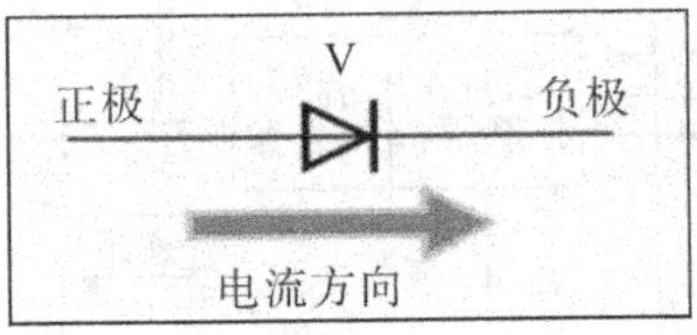

图 3-6　二极管的电路符号

2) 发光二极管的实物图

发光二极管的实物图如图 3-7 所示。

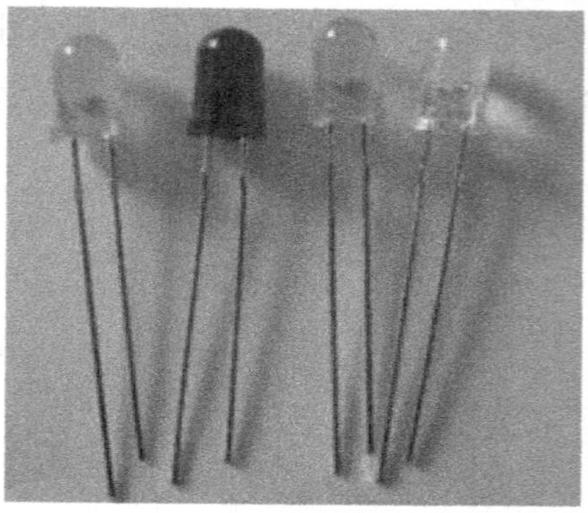

图 3-7　各种发光二极管实物图

3) 各类二极管的电路符号图

各类二极管的电路符号图如图 3-8 所示。

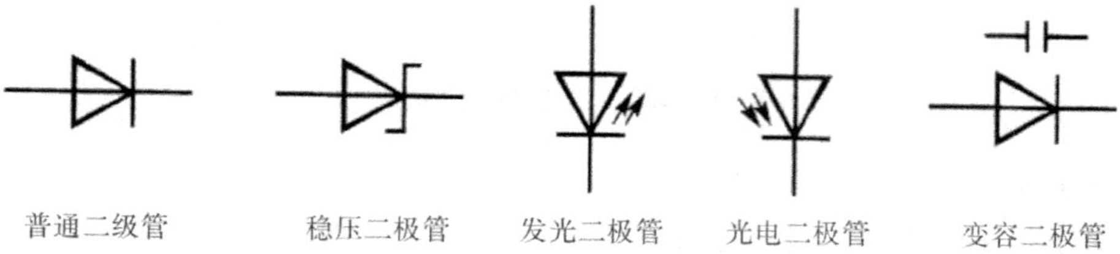

图 3-8　各类二极管的电路符号图

4. MCS-51 单片机系列内部结构图

1) MCS-51 单片机内部结构图

STC89C52 单片机属于 MCS-51 单片机系列，MCS-51 单片机内部结构如图 3-9 所示。

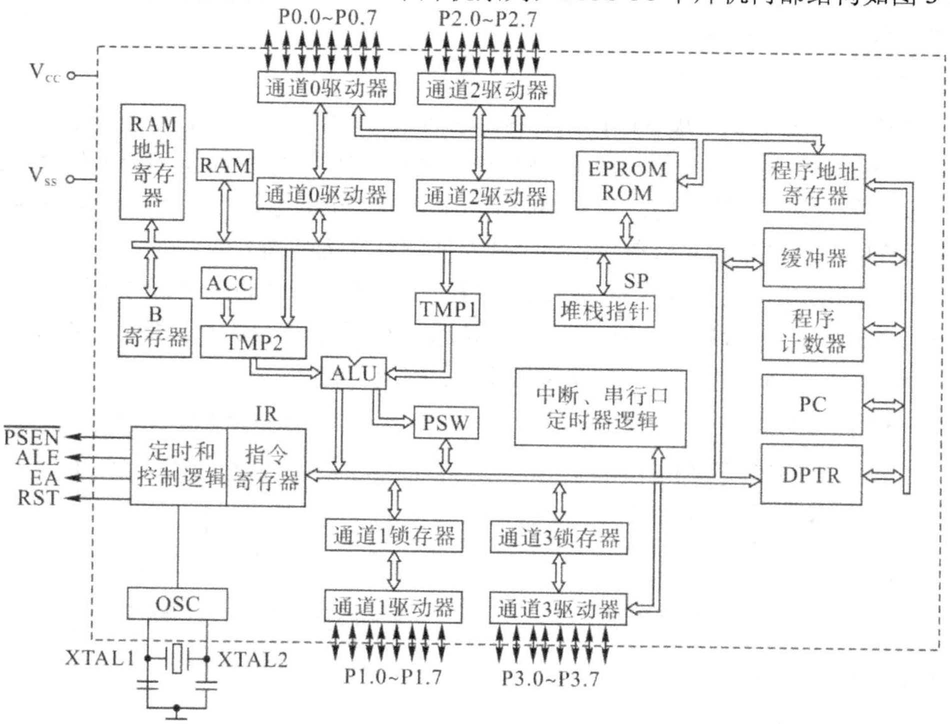

图 3-9　MCS-51 单片机系列内部结构图

STC89C52 单片机内部结构具体功能见表 3-3 所示。

表 3-3 单片机内部结构功能表

所属模块	符号	名称	功能
运算器	ALU	算术逻辑单元	可以进行 8 位的数据的加、减、乘、除算术运算；与、或、异或逻辑运算，还有位运算
	ACC	累加器	一个操作数一般来自于累加器，运算结果存到 ACC 中
	TEMP	暂存器	暂存中间运算结果
	B	寄存器	一个操作数一般来自于寄存器 B
	PSW	程序状态字寄存器	用于反映微处理器执行指令后的状态
控制器	PC	程序计数器	提供将要执行的指令所在的存储单元地址
	IR	指令寄存器	微处理器根据 PC 提供的地址从内存中取出指令，存入其中
	ID	指令译码器	将指令转换为机器可识别的机器码
存取器	ROM	程序存储器	存储系统程序或一些常数表格和存放用户控制程序
	RAM	数据存储器	存放数据信息，也可以使用作为进行在线修改的存储设备存储系统程序和用户信息
I/O 端口	I/O	I/O 端口	8051 单片机有 4 个 8 位并行输入/输出的端口 P0、P1、P2 和 P3，每个端口有 8 条 I/O 线，可以并行传输数据，也可以单独使用其中的一根 I/O 线
总线	AB	地址总线	负责传输数据的存储位置或 I/O 接口中的寄存器的一组信号线
	DB	数据总线	负责传输数据，数据在 CPU 与存储器和 CPU 与 I/O 接口之间的传输，且是双向的，故数据总线也称为双向总线
	CB	控制总线	在传输与交换数据时起到管理控制作用的一组信号线，称为控制总线

2) 单片机 CPU 结构

CPU 由运算器和控制器构成。运算器对操作数进行算术、逻辑运算和位操作。控制器主要由程序计数器、堆栈指针、指令译码器和数据指针组成，协调单片机各部分正常工作。

CPU 具体结构如图 3-10 所示。虚线框内的部分就是 CPU 的内部结构，8 位的 MCS-51 单片机的 CPU 内部有数术逻辑单元 ALU(Arithmetic Logic Unit)、累加器 A(8 位)、寄存器 B(8 位)、程序状态字 PSW(8 位)、程序计数器 PC(有时也称为指令指针，即 IP，16 位)、地址寄存器 AR(16 位)、数据寄存器 DR(8 位)、指令寄存器 IR(8 位)、指令译码器 ID 等部件组成。

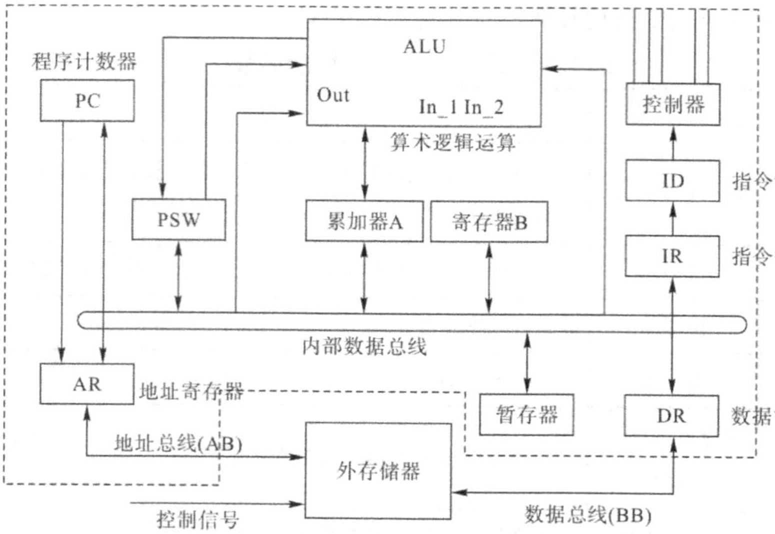

图 3-10 MCS-51 单片机 CPU 内部结构图

3) 单片机存储器结构

MCS-51 单片机在物理结构上有四个存储空间(如图 3-11 所示)：片内程序存储器、片外程序存储器、片内数据存储器、片外数据存储器。但在逻辑上，即从用户的角度上分类，8051 单片机只有三个存储空间：片内外统一编址的 64 K 的程序存储器地址空间、256 B 的片内数据存储器的地址空间以及 64 K 片外数据存储器的地址空间。

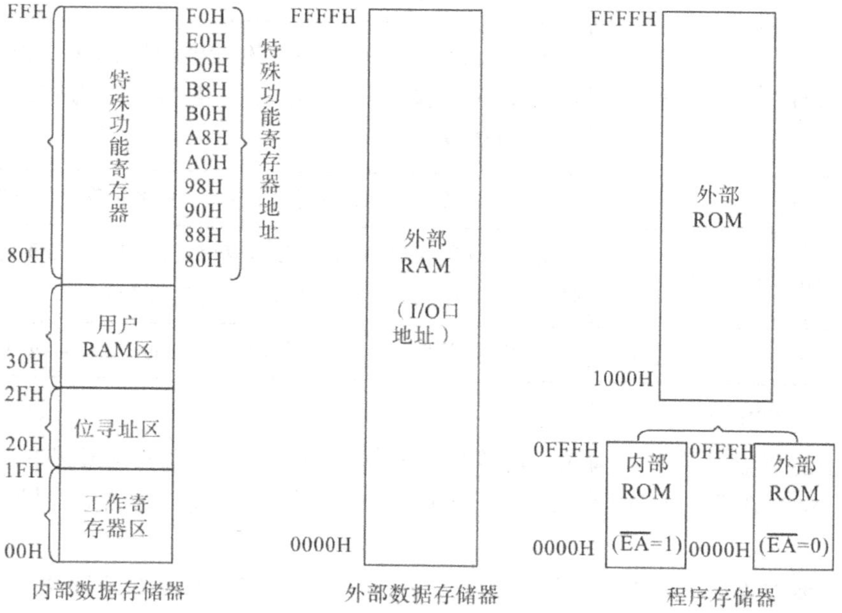

图 3-11 MCS-51 单片机存储器结构

MCS-51 具有 64 KB 程序存储器寻址空间，它用于存放用户程序、数据和表格等信息。对于内部无 ROM 的 8031 单片机，它的程序存储器必须外接，空间地址为 64 KB，此时单片机的 $\overline{\text{EA}}$ 引脚必须接地，强制 CPU 从外部程序存储器读取程序。对于内部有 ROM 的 8051 等单片机，正常运行时则 $\overline{\text{EA}}$ 引脚需接高电平，使 CPU 先从内部的程序存储器中读取程序，当 PC 值超过内部 ROM 的容量时，才会转向外部的程序存储器读取程序。

当 $\overline{EA}$ = 1 时，程序从片内 ROM 开始执行，当 PC 值超过片内 ROM 容量时会自动转向外部 ROM 空间。当 $\overline{EA}$=0 时，程序从外部 ROM 开始执行，例如片内无 ROM 的 8031 单片机，在实际应用中就要把 8031 的 $\overline{EA}$ 引脚接为低电平。

数据存储器也称为随机存取数据存储器，数据存储器分为内部数据存储器和外部数据存储器。MCS-51 内部 RAM 有 128 或 256 个字节的用户数据存储器(不同的型号有分别)，片外最多可扩展 64 KB 的 RAM，构成两个地址空间，它们可用于存放执行的中间结果和过程数据。访问片内 RAM 用“MOV”指令，访问片外 RAM 用“MOVX”指令。MCS-51 的数据存储器均可读写，部分单元还可以位寻址。

MCS-51 单片机的内部数据存储器在物理上和逻辑上都分为两个地址空间，即数据存储器空间(低 128 单元)和特殊功能寄存器空间(高 128 单元)。这两个空间是相连的，具体如图 3-11 中内部数据存储器部分所示。从用户角度而言，低 128 单元才是真正的数据存储器，具体用途如图 3-12 所示。

7FH ↕ 30H	用户RAM区 (堆栈、数据缓冲区)
2FH ↕ 20H	可位寻址区
1FH ↕ 18H	第 3 组工作寄存器区
17H ↕ 10H	第 2 组工作寄存器区
0FH ↕ 08H	第 1 组工作寄存器区
07H ↕ 00H	第 0 组工作寄存器区

图 3-12　MCS-51 单片机内部 RAM 的低 128 个单元用途

内部 RAM 的高 128 个单元为特殊功能寄存器(SFR)。CPU 对各种功能部件的控制采用特殊功能寄存器集中控制方式，一共 21 个，具体见表 3-4。有的 SFR 可进行位寻址，其字节地址的末位为 0H 或 8H。

表 3-4　特殊功能寄存器(SFR)

特殊功能寄存器符号	名　称	字节地址	位地址
B	B 寄存器	F0H	F7H~F0H
A(或 Acc)	累加器	E0H	E7H~E0H
PSW	程序状态字	D0H	D7H~D0H
IP	中断优先级控制	B8H	BFH~B8H
P3	P3 口	B0H	B7H~B0H
IE	中断允许控制	A8H	AFH~A8H
P2	P2 口	A0H	A7H~A0H
SBUF	串行数据缓冲器	99H	—
SCON	串行控制	98H	9FH~98H

续表

特殊功能寄存器符号	名　称	字节地址	位地址
P1	P1 口	90H	97H~90H
TH1	定时器/计数器 1(高字节)	8DH	—
TH0	定时器/计数器 0(高字节)	8CH	—
TL1	定时器/计数器 1(低字节)	8BH	—
TL0	定时器/计数器 0(低字节)	8AH	—
TMOD	定时器/计数器方式控制	89H	—
TCON	定时器/计算器控制	88H	8FH~88H
PCON	电源控制	87H	—
DPH	数据指针高字节	83H	—
DPL	数据指针低字节	82H	—
SP	堆栈指针	81H	—
P0	P0 口	80H	87H~80H

课 后 练 习

(1) 用电子电路点亮一盏 LED 灯的条件有哪些？

(2) 用单片机芯片控制点亮一盏 LED 灯的程序设计思路是怎样的？

(3) 思考电子电路点亮一盏 LED 灯和用单片机点亮一盏 LED 灯的异同点是什么？

(4) 用 Keil 软件编写用单片机 P2 口的第 8 位控制点亮一盏 LED 灯的程序，同时上机调试、下载并运行程序。

内部结构 1　　内部结构 2　　内部结构 3　　内部结构 4　　如何工作 1

如何工作 2　　如何工作 3　　引脚功能分区　　引脚物理排列　　单片机与微机联系与区别

项目四　单片机的最小系统

项 目 目 标

1. 知识目标

(1) 掌握单片机最小系统的时钟电路的组成。

(2) 掌握单片机最小系统的复位电路的组成。

(3) 掌握 C 语言常量和赋值运算的使用。

2. 技能目标

(1) 掌握单片机最小系统的硬件搭建。

(2) 能对单片机最小系统进行测试和调试。

项 目 要 求

能完成单片机最小系统的搭建、测试和调试。

知 识 链 接

1. 单片机最小系统

单片机最小系统是指能维持单片机运行的最简单配置系统。单片机本身就是一个最小应用系统，有些功能器件没有集成到芯片内，构成最小系统时必须外接。对于本书中所用的 STC89C52 单片机芯片，片内已经集成了 8KB 系统可编程 Flash 储存器，所以只要外接复位电路和时钟电路后就构成了最小应用系统。

2. 单片机最小系统工作电路

单片机最小系统工作电路如图 4-1 所示，它包含了电源电路、时钟电路、复位电路，以及 $\overline{EA}$ 引脚接高电平表示单片机访问的内部程序存储器，然后一位输入输出引脚外接控制一个 LED 灯，这样单片机芯片就可以工作了。这里电源电路即 20 号引脚接地，40 号引脚接 + 5 V 电源即可，图上没有画出。

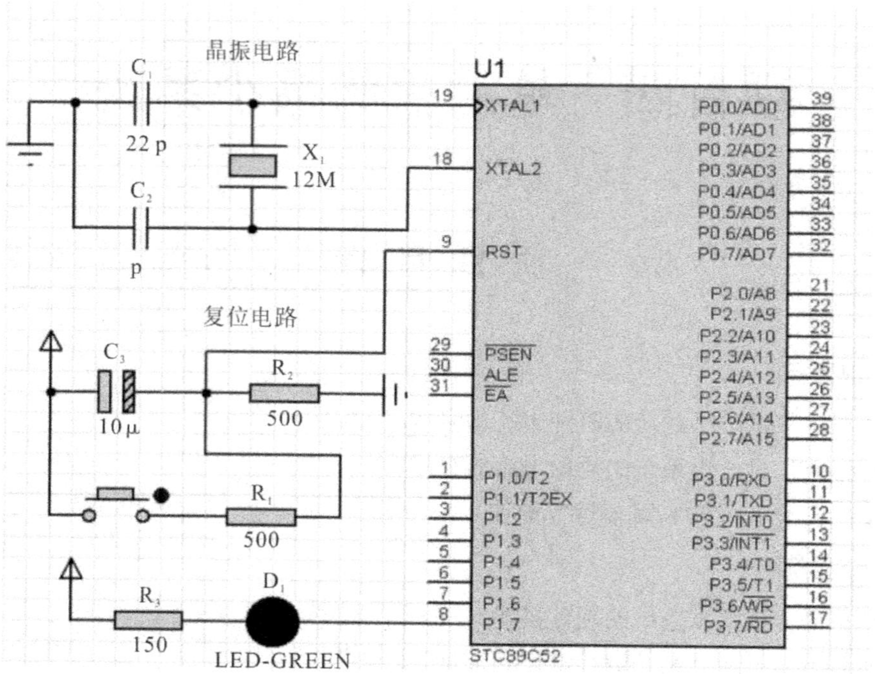

图 4-1　单片机最小系统工作电路

3. 单片机时钟电路

这里的时钟是指数字电路系统里的时钟电路，几乎所有的数字电路系统在处理信号时都是按节拍一步一步进行。单片机最小系统各部分也是按节拍工作的，要使各部分按统一节拍工作就需要一个时钟信号，产生这个时钟信号的电路就是时钟电路。如果时钟频率为0或是超出单片机的工作频率范围，则单片机都不能正常工作。

时钟电路就是单片机的“心脏”，单片机可以看成是时钟信号驱动下的一种逻辑电路。时钟信号控制着单片机的取指令和执行指令两个节奏。CPU的工作是不断地取指令和执行指令，以完成数据的处理、传送和输入/输出操作。CPU取出一条指令至该指令执行完所需的时间称为指令周期。指令周期是以机器周期(时钟脉冲的间隔)为基本单位的，是机器周期的整数倍。1个指令周期包含12个机器周期，即如果一条指令是在一个指令周期内完成的，那么它就需要12个机器周期。

单片机的时钟产生方法有两种：内部时针电路和外部时针电路。内部时钟电路如图4-2所示，仿真电路如4-3所示，内部时钟电路利用芯片内部产生振荡频率信号。MCS-51单片机内有一个反相放大器组成的振荡器，振荡频率主要由外接的石英晶振决定，一般石英晶振的振荡频率为12 MHz或11.059 MHz。外部时钟电路如图4-4所示，仿真电路如图4-5所示，时钟信号由外部接入，一般外接(0.5～12) MHz的方波。大多数单片机应用系统采用内部时钟方式。

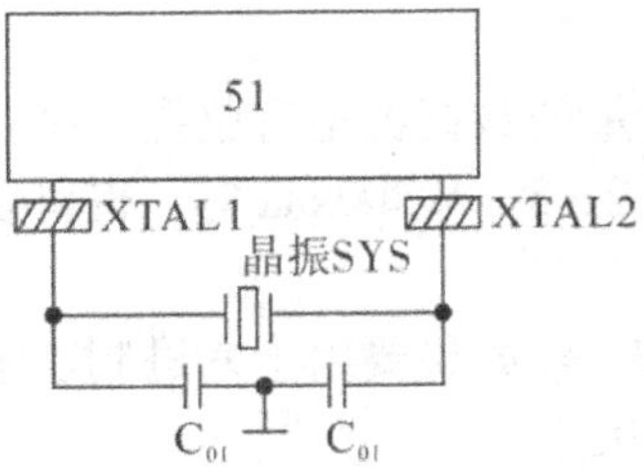

图 4-2　内部时钟电路

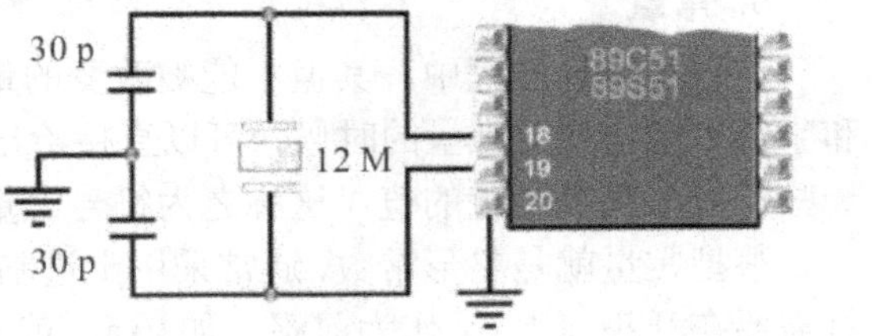

图 4-3　内部时钟电路仿真图

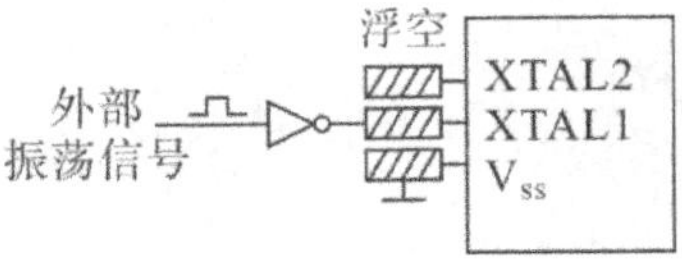

图 4-4　外部时钟电路

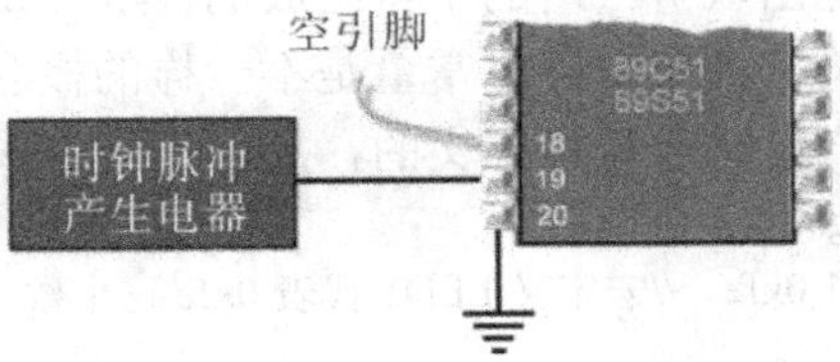

图 4-5　外部时钟电路仿真图

时钟电器

4. 单片机复位电路

复位电路可使单片机的 CPU 和系统中的其他部件都处于一个确定的初始状态，并从这个初始状态开始工作。

单片机复位电路复位原理就是提供一个芯片所需的复位条件，一般是 2 个机器周期的固定电平。低电平复位即保持 2 个周期的低电平变高即可实现复位。

复位方式有两种：上电复位和开关复位。上电复位电路如图 4-6，其仿真电路如图 4-7 所示。开关复位如图 4-8，仿真电路如图 4-9 所示。实验箱一般采用开关复位方式，电路中一般 C 电容值的大小为 10 μF，R_2 的阻值大小为 1 kΩ，R*的阻值大小为 10 kΩ。

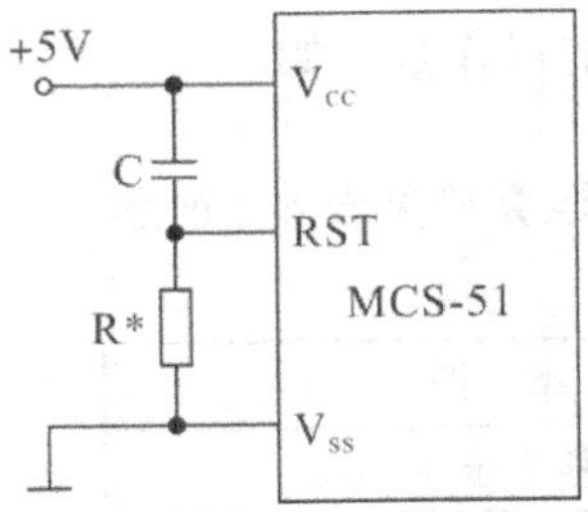

图 4-6　上电复位电路

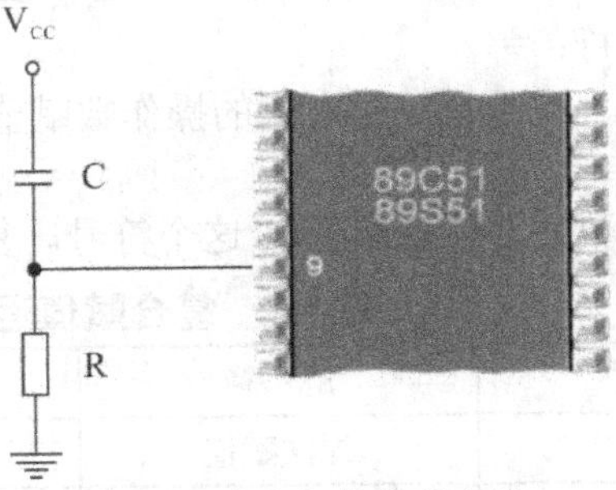

图 4-7　上电复位仿真电路

复位电器

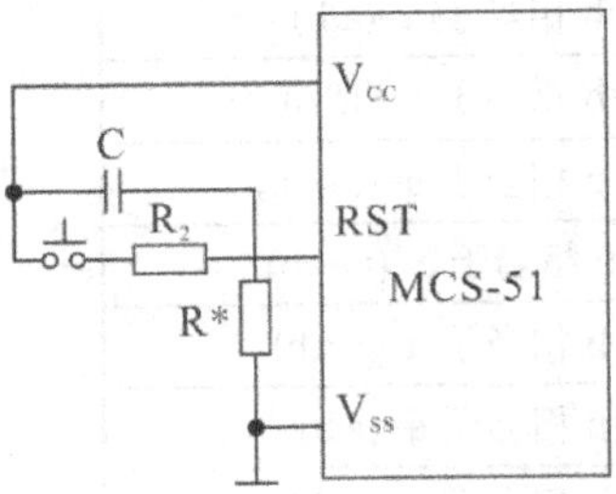

图 4-8　开关电路

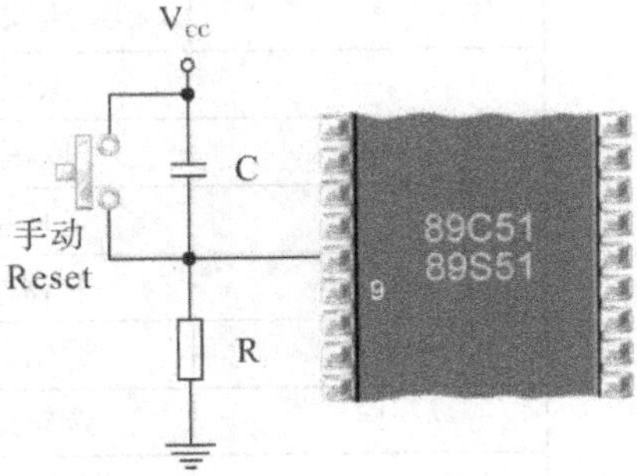

图 4-9　开关仿真电路

5. 常量

在程序运行过程中，其值不能被改变的量称为常量。常量的数据类型有整型、字符型和字符串型。使用常量的时候，可以直接给出常量的值，如 2、3、4 和 0xaa 等。也可以用一些符号来代替常量的值，这称之为符号常量。

整型常量就是整形常数，通常采用十进制表示，如 0、123 等，如果要用十六进制表示，就需要在开头写上 0x 作为前缀，如 0xa，就表示十进制的 10。

字符型常量的表示方法是将字符使用单引号括起来，例如，'a' 'b' 。

字符串型常量是由双引号内的字符组成的，如"ABCD""$1234"等都是字符串常量，这里要注意的是字符常量和字符串常量是不一样的概念。

符号常量是用户自己用符号定义的，用下例程序解释：

```
#include <reg52.h>
#define LED1 0xfe   //宏定义 LED1 代表 0xfe 这个数
void main()
{
    P1= LED1;        //即让 P1 等于 0xfe 这个常量
}
```

这是一个点亮单片机 P1.0 引脚上 LED 灯的程序，程序第二行使用宏定义将 0xfe 这个十六进制常量定义成 LED1 这个符号常量，以后程序中凡是出现 LED1 符号的地方就相当于常量 0xfe。这样写看似麻烦，其实好处是很多的：其一是含义清楚，在书写程序的时候，用一些更容易识别的符号去代替一些不易识别的符号；其二是在修改常量时，能够做到一改全改的效果，节约了时间。

6. 运算符——赋值运算

Keil C51 语言的赋值运算有简单的赋值运算和复合赋值运算两大类。

简单的赋值运算符：=

简单的赋值运算，就是把等号右侧的操作数赋值给左侧的操作数，如：

```
led1=0;
```

这条程序的意思是将数据 0 传送给 led1 这个符号。复合赋值运算符见表 4-1 所示。

表 4-1 复合赋值运算符

符　号	解　释	举　例
+=	加法赋值	a+=b 相当于 a=(a+b)
-=	减法赋值	a-=b 相当于 a=(a-b)
*=	乘法赋值	a*=b 相当于 a=(a*b)
/=	除法赋值	a/=b 相当于 a=(a/b)
%=	取模赋值	a%=b 相当于 a=(a%b)
<<=	左移位赋值	a<<=b 相当于 a=(a<<b)
>>=	右移位赋值	>>=b 相当于 a=(a>>b)
&=	逻辑与赋值	a&=b 相当于 a=(a&b)
|=	逻辑或赋值	a|=b 相当于 a=(a|b)
^=	逻辑异或赋值	a^=b 相当于 a=(a^b)
～=	逻辑非赋值	a～=b 相当于 a≠b

7. 单片机最小系统的测试和调试

单片机最小系统的测试电路如图 4-10 所示。

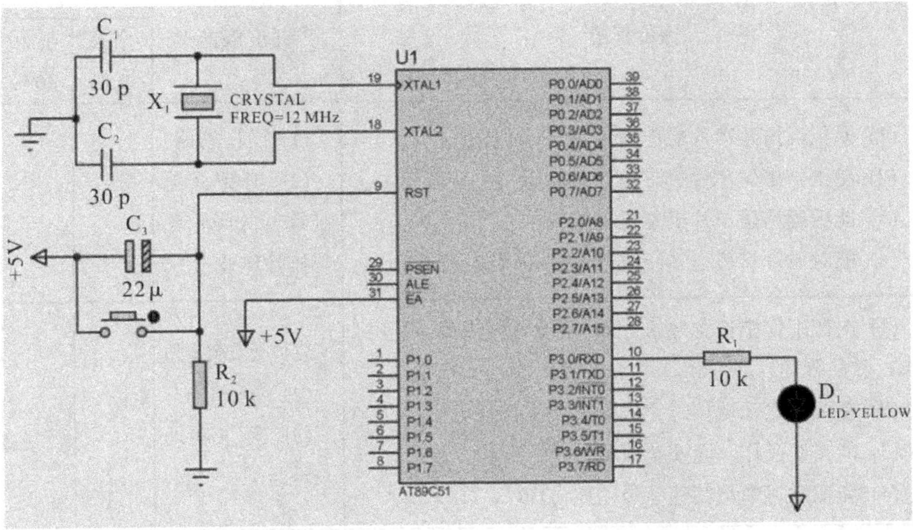

图 4-10　单片机最小系统的测试电路图

8. 单片机最小系统测试程序

这里用引脚 P3.0 来控制一盏 LED 灯的点亮来测试单片机最小系统。

```
#include <reg52.h>              //52 系列单片机头文件
sbit led1=P3^0;                 //定义单片机 P3 口的第一位
void main()                     //主函数
{
    led1=0;                     //让 P3^0 所连线控制的这个 LED 灯点亮
}
```

9. 单片机最小系统的考核评价表

单片机最小系统的考核评价细则如表 4-2 所示。

表 4-2　单片机最小系统的考核评价表

班级：	姓名：	得分：				
评价要素	评价标准	评价依据	评价方式			合计
			个人 10%	小组 20%	老师 70%	
知识 30 分	(1) 能说出单片机最小系统工作电路所需要的硬件组成 (2) 能说出单片机最小系统电源电路所需要的硬件组成 (3) 能说出单片机最小系统时钟电路所需要的硬件组成 (4) 能说出单片机最小系统复位电路所需要的硬件组成 (5) 掌握 C 语言常量和赋值运算的使用	(1) 学生回答老师提问、作业或卷面考核 (2) 小组总结				

续表

班级：	姓名：	得分：				
评价要素	评价标准	评价依据	评价方式			合计
			个人 10%	小组 20%	老师 70%	
技能 50分	(1) 能正确搭建单片机电源电路 (2) 能正确搭建单片机时钟电路 (3) 能正确搭建单片机复位电路 (4) 能对单片机最小系统进行测试和调试	(1) 操作规范 (2) 能完成系统综合故障诊断与排除作业				
素养 20分	(1) 能在工作中自觉地执行6S现场管理规范，遵守纪律，服从管理 (2) 能积极主动地按时完成学习及工作任务 (3) 能文明操作，无安全事故 (4) 能在学习中与其他学员团结协作	(1) 无安全事故 (2) 考勤 (3) 工作现场表现				
总评						

知识拓展

Keil C51 的基本数据类型

(1) 从表4-1数据类型的表格中可以看出在char和int型变量的前面加了些修饰符，这些装饰符可以改变其数据类型的表示范围，这个被称为基本类型修饰符，分别为signed、unsigned、short、long。观察表格可以看出，short的修饰符比较特殊，其实short前加不加装饰符都没有影响，signed意思是带符号的数，比如signed char i就是定义一个有符号字符变量i，表示的范围是−128～+127，而unsigned则表示不带符号的数，例如unsigned char i则是定义一个无符号的字符变量i，表示的范围是0～255。

(2) 另外，还有实型变量，也就是浮点数，因为Keil的编译器只支持float型实型变量，也就是只支持单精度的浮点数，而双精度的浮点数double型目前不支持，所以不做介绍。

课后练习

(1) 单片机最小系统的硬件组成有哪些？

(2) 单片机最小系统的内部方式时钟电路是怎样组成的？

(3) 单片机最小系统的上电复位电路和开关复位电路是怎样组成的？

(4) 自己上机编写一个最小系统的测试程序并调试成功。

项目五　点亮多盏灯

项 目 目 标

1. 知识目标

(1) 掌握用位控制方式来控制多个 LED 灯的点亮。

(2) 掌握用 8421 码方法实现二进制数和十六进制数之间的互相转换。

(3) 掌握用并行口即总线型控制方式来控制多个 LED 灯的点亮。

(4) 了解单片机 P 0 口的结构以及与其他口的电路区别。

2. 技能目标

(1) 会用 8421 码方法实现二进制数和十六进制数之间的互相转换。

(2) 会用位方式编程控制 8 个 LED 灯任意几个灯的点亮。

(3) 会用总线方式编程控制 8 个 LED 灯任意几个灯的点亮。

项 目 要 求

用单片机 P1 口控制 8 盏 LED 灯中的偶数灯点亮。

知 识 链 接

1. 点亮多盏 LED 灯的实验样图

图 5-1 所示就是点亮多盏 LED 的广告灯，图 5-2 所示就是点亮 8 盏 LED 灯中偶数位灯的实验样图。

图 5-1　广告 LED 灯

图 5-2　点亮偶数 LED 灯

2. 二进制数和十六进制数之间的互相转换

1) 进制转换的必要性

二进制数书写起来太长，且不便阅读和记忆。目前大部分微型机是 8 位、16 位或 32 位，都是 4 的整数倍，而 4 位二进制数就是 1 位十六进制数，所以微型机广泛采用的都是十六进制数来代替二进制数。十六进制数就是用 0～9、a～f 共 16 个数码表示十进制数 0～15，1 个 8 位二进制数可以用 2 位十六进制数表示，这样书写方便，且便于阅读和记忆。然而人们最熟悉的是十进制数，为此要掌握各个进制数之间的转换是十分必要的。

为了区别上面三种数制，可以在数的右下角注明数制，或者在数的后面加字母进行区别，如 B 表示二进制，D 或者不带字母表示十进制数，H 表示十六进制数。

2) 二进制数转换为十六进制数

方法：“四位一组，求 8421 码之和”法。

例：将二进制数 1010 1101 转换为十六进制数，即：10101101B = ADH

解：用“四位一组，求 8421 码之和”法，将 1010 1101B 四位一组，分为左右两组：

8	4	2	1	码
1	0	1	0	

8	4	2	1	码
1	1	0	1	

对左边一组，按位求 8421 码之和，得

$$1 \times 8 + 0 \times 4 + 1 \times 2 + 0 \times 1 = 10 = \mathrm{AH}$$

对右边一组，按位求 8421 码之和，得

$$1 \times 8 + 1 \times 4 + 0 \times 2 + 1 \times 1 = 13 = \mathrm{DH}$$

因此，

$$1010\ 1101\mathrm{B} = \mathrm{ADH}$$

3) 十六进制数转换为二进制数

方法：“按位拼 8421”法

例：将十六进制数 ADH 转换为二进制数，即：ADH = 1010 1101B

解：十六进制数 AH，用“按位拼 8421”法，得到四位二进制数，即

$$\mathrm{AH} = 1010\mathrm{B}$$

十六进制数 D(H)，用“按位拼 8421”法，得到四位二进制数，即

$$DH = 1101B$$

因此，

$$ADH = 10101101B$$

3. 总线定义法

1) 格式

P 口=两位十六进制数；

2) 示例

P1=0xaa;

3) 含义

这里的“P1=0xaa;”语句就是对单片机 P1 口的 8 个 I/O 口同时进行操作，程序中“0x”表示后面的数据是以十六进制形式表示的，十六进制数“aa”转换成二进制数为 10101010，则执行完“P1=0xaa;”语句后，单片机的 P1.0、P1.2、P1.4、P1.6 四个引脚均为低电平，P1.1、P1.3、P1.5、P1.7 四个引脚均为高电平。因此与单片机的 P1.0、P1.2、P1.4、P1.6 四个引脚相连接的发光二极管点亮，而 P1.1、P1.3、P1.5、P1.7 四个引脚相连接的发光二极管熄灭。

4) 注意事项

P 口的使用无需定义，因为已经在头文件中事先定义了。

4. while( )语句

1) 格式

```
while(表达式)
{
    ……(语句)；
}
```

while() 语句为“当型”循环语句。其功能是先计算表达式里面的值，当值为真或条件满足时，就会执行循环体里的语句；如果表达式的值为假或条件不满足时，就终止循环，执行循环体后面的语句。

使用 while“当型”循环有个特点，就是先判断表达式，再执行语句。如果表达式的值一开始就为假或者一开始就不成立，那么循环体一遍都不执行，直接执行循环体下面的语句。while 语句括号中的表达式一般是条件表达式或者逻辑表达式。

循环体用一对花括号括起来，如不加花括号，while 语句的有效范围只到 while 语句后的第一个分号处。

2) while 语句的一种特殊形式

```
while(1)
{
    ……(语句)；
}
```

上面这个 while 语句表达式为 1，在 C 语言中不为 0 则值为真，为 0 则值为假，由于

表达式被写成了 1，那么表达式的值永远为真，这就构成了一个无限循环，计算机将会无限循环执行花括号内的语句。

5. 电路原理图

图 5-3 所示是单片机控制多盏 LED 灯点亮的电路原理图。

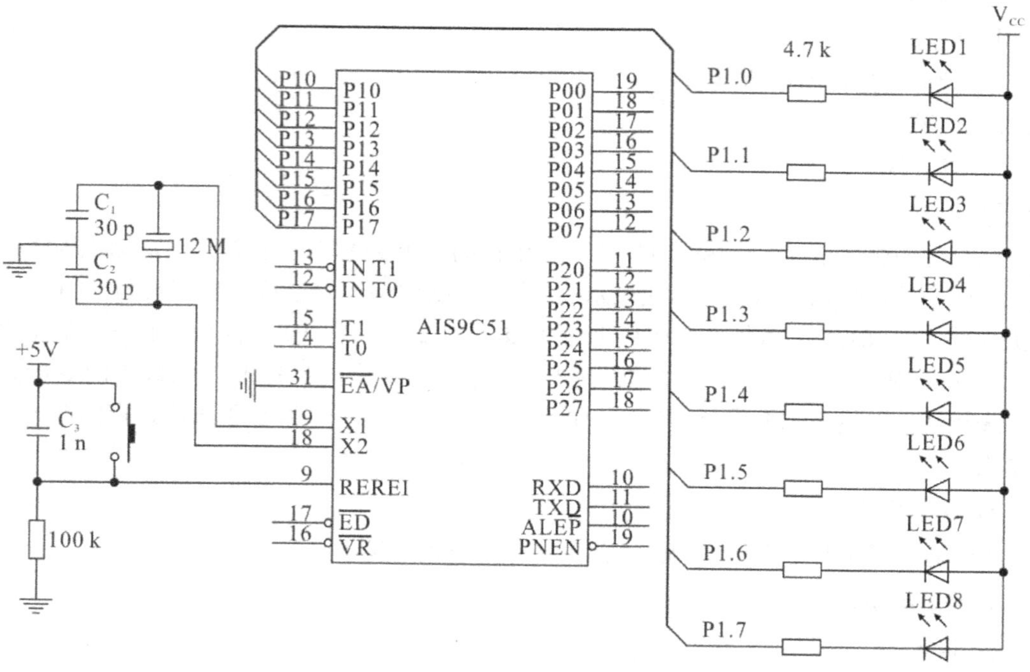

图 5-3　单片机控制多盏 LED 灯点亮电路原理图

6. 位控制方法实现偶数位 LED 灯的点亮

1) 编程思路

要用位控制的方法来点亮单片机 P1 口所控制的 8 盏 LED 灯中的偶数位灯，就是要将所控制点亮的这几盏灯的位，即如图 5-3 所示的 P1.1、P1.3、P1.5、P1.7 口先位定义，然后给每一位送低电平信号即可。

2) 程序

```
#include <reg52.h>              //52 系列单片机头文件
sbit led2=P1^1;                 //位定义，将 P1.1 位定义为 led2 这个字符
sbit led4=P1^3;                 //位定义，将 P1.3 位定义为 led4 这个字符
sbit led6=P1^5;
sbit led8=P1^7;
void main()                     //主函数
{
    while(1)                    //大循环
    {
        led2=0;                 //让 P1.1 位所连的 LED 灯点亮
```

```
            led4=0;
            led6=0;
            led8=0;
        }
    }
```

这样就实现了单片机 P1 所控制的 8 个 LED 灯的偶数位 LED 灯全点亮。

3) 连线

P1.1、P1.3、P1.5、P1.7 位分别连实验箱 LED 灯的外接接线插针 LED2、LED4、LED6、LED8 引脚即可。

4) 注意事项

(1) P1 引脚的第一位是 P1.0，称为 P1 端口的最低位，第二位是 P1.1，依次类推，第八位是 P1.7；

(2) 位控制法对于控制的每个位一定要先定义再使用；

(3) 位定义所定义的字符可以是任意字符，主要是方便记忆，但不能和关键字相同。

7. 总线控制方法实现偶数位 LED 灯的点亮

1) 编程思路

要用总线控制的方法来点亮单片机 P0 端口所控制的 8 盏 LED 灯中的偶数位灯，就是直接给 P0 端口的第 2、4、6、8 位给低电平信号，而给第 1、3、5、7 位高电平信号，就可以实现偶数位 LED 灯点亮，奇数位 LED 灯熄灭的效果。

2) 程序

```
#include <reg52.h>                  //52 系列单片机头文件
void main()                         //主函数
{
    while(1)                        //大循环
    {
        P1=0x55;                        //偶数位灯点亮
    }
}
```

3) 连线

直接用一组 8 位的排线连接实验箱上 LED 灯的外接接线 8 个插针即可。

4) 注意事项

(1) 因为在头文件中已经定义了 P 端口，所以不用定义，直接拿来用就可以了；

(2) 因为是要点亮偶数位灯，所以 P1 端口的 2、4、6、8 位所连的 LED 灯给低电平信号，其他位给高电平信号；

(3) 需要将二进制数 01010101 转换为十六进制数，采用 8421 码法，得到的十六进制数就是 0x55。

8. 单片机控制多盏 LED 灯点亮的考核评价参考表

单片机控制多盏 LED 灯点亮的考核评价参考表如表 5-1 所示。

表 5-1　单片机控制多盏灯点亮的考核评价参考表

<table>
<tr><td colspan="2">班级：</td><td colspan="5">姓名：　　　　　　得分：</td></tr>
<tr><td rowspan="2">评价要素</td><td rowspan="2">评价标准</td><td rowspan="2">评价依据</td><td colspan="3">评价方式</td><td rowspan="2">合计</td></tr>
<tr><td>个人
20%</td><td>小组
20%</td><td>老师
60%</td></tr>
<tr><td>知识
30 分</td><td>(1) 掌握用位控制方式来控制多个 LED 灯的点亮
(2) 掌握用 8421 码方法实现二进制数和十六进制数之间的互相转换
(3) 掌握用并行口即总线型控制方式控制多个 LED 灯的点亮
(4) 了解单片机 P0 端口的结构以及和其他端口的电路区别</td><td>(1) 学生回答老师提问
(2) 学生上黑板做练习</td><td></td><td></td><td></td><td></td></tr>
<tr><td>技能
50 分</td><td>(1) 会用 8421 码方法实现二进制数和十六进制数之间的互相转换
(2) 会用位方式编程控制 8 个 LED 灯任意哪几个灯的点亮
(3) 会用总线方式编程控制 8 个 LED 灯任意哪几个灯的点亮
(4) 能说出所做演练的步骤</td><td>(1) 能上黑板演示进制转换
(2) 学生能看懂老师所做演示并模仿老师上台做模拟演练
(3) 能在老师指导下完成程序故障排查</td><td></td><td></td><td></td><td></td></tr>
<tr><td>素养
20 分</td><td>(1) 能在工作中自觉地执行 6S 现场管理规范，遵守纪律，服从管理
(2) 能积极主动地按时完成学习及工作任务
(3) 能规范操作
(4) 有条不紊，逻辑性强</td><td>(1) 考勤
(2) 规范
(3) 思路清晰</td><td></td><td></td><td></td><td></td></tr>
<tr><td colspan="3">总　评</td><td colspan="4"></td></tr>
</table>

知 识 拓 展

1. 单片机的并行端口

STC89S52 单片机芯片有 4 个 8 位的并行输入/输出端口 P0、P1、P2、P3。各端口由端口锁存器、输出驱动器和输入缓冲器组成。每个端口可以用做 I/O 口线来传输字节信息，还可以将每一根 I/O 口线单独使用。将这 4 个端口与各自的锁存器都统称为 P0、P1、P2、P3，对端口锁存器的读/写就可以实现对端口的输入/输出。

2. P0 端口的位结构工作原理图

由图 5-4 所示可见，P0 端口由锁存器、输入缓冲器、多路开关、与非门、与门及场效应管驱动电路构成。图的右边标号为 P0.X 引脚的图标表示 P0.X 引脚可以是 P0.0 到 P0.7 的任何一位，即在 P0 端口有 8 个与图 5-4 相同的电路。

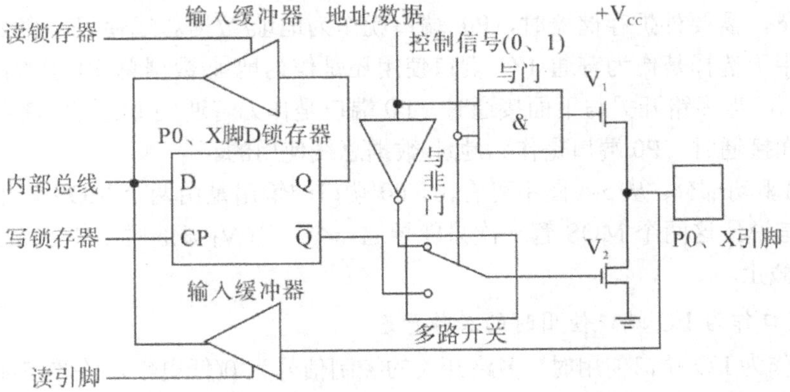

图 5-4　P0 端口的位结构原理图

输出数据　　输入数据　　通用输出口　　通用输入口

1) P0 端口作为位结构使用的工作原理

下面是 P0 端口的每个单元部分结构及原理。

(1) 输入缓冲器。在数字电路中，三态门有三个状态，即在其输出端可以是高电平、低电平，还有一种就是高阻状态(或称为禁止状态)。在图 5-4 所示 P0 端口中有两个三态的缓冲器，上面一个是读锁存器的缓冲器，要读取 D 锁存器输出端 Q 的数据，那就得使读锁存器的三态缓冲器的控制端(图中标号为“读锁存器”端)有效。下面一个是读引脚的缓冲器，要读取 P0.X 引脚上的数据，也要使标号为“读引脚”的三态缓冲器的控制端有效，引脚上的数据才会传输到单片机的内部数据总线上。

(2) D 锁存器。构成一个锁存器，通常要用一个时序电路，在时序单元电路中，一个触发器可以保存一位的二进制数(即具有保持功能)，在 51 系列单片机的 32 根 I/O 口线中都是用一个 D 触发器来构成锁存器的。图 5-4 中的 D 锁存器，D 端为数据输入端，CP 为控制端(也就是时序控制信号输入端)，Q 为输出端，$\overline{Q}$ 为反向输出端。

(3) D 触发器。当 D 输入端有一个输入信号，如果这时控制端 CP 没有信号(也就是时序脉冲没有到来)，这时输入端 D 的数据是无法传输到输出端 Q 及反向输出端 $\overline{Q}$ 的。如果时序控制端 CP 的时序脉冲一旦到来，这时 D 端输入的数据就会传输到 Q 及 $\overline{Q}$ 端。数据传送后，当 CP 时序控制端的时序信号消失时，这时，输出端还会保持着上次输入端 D 的数据(即把上次的数据锁存起来了)。如果下一个时序控制脉冲信号到来，这时 D 端的数据才再次传送到 Q 端，从而改变 Q 端的状态。

(4) 多路开关。在 51 系列单片机中，当内部的存储器够用(也就是不需要外扩展存储器时，这里讲的存储器包括数据存储器及程序存储器)时，P0 端口可以作为通用的输入/输出端口(即 I/O)使用。对于 8031(内部没有 ROM)的单片机或者编写的程序超过了单片机内部的存储器容量，需要外扩存储器时，P0 端口就作为地址/数据总线使用。那么这个多路选择开关就是用于选择是作为普通 I/O 端口使用还是作为地址/数据总线使用的选择开关了。如图 5-4 所示，当多路开关与下面接通时，P0 端口是作为普通的 I/O 端口使用的；当多路开关是与上面接通时，P0 端口是作为地址/数据总线使用的。

(5) 输出驱动部分。从 5-4 图中可看出，P0 端口的输出是由两个 MOS 管组成的推拉式结构，也就是说，这两个 MOS 管一次只能导通一个，当 V_1 导通时，V_2 就截止；当 V_2 导通时，V_1 就截止。

2) P0 端口作为 I/O 端口使用时的工作原理

P0 端口作为 I/O 端口使用时，多路开关的控制信号为 0(低电平)，在图 5-4 中的右侧部分，多路开关的控制信号同时与与门的一个输入端是相接的。与门的逻辑特点是“全 1 出 1，有 0 出 0”，那么控制信号是 0 的话，这时与门输出的也是 0，则 V_1 管就截止。在多路控制开关的控制信号是 0 时，多路开关是与锁存器的 $\overline{Q}$ 端相连接，即 P0 端口作为 I/O 口线使用。

P0 端口用作 I/O 口线，其由数据总线向引脚输出(即 Output 状态)的工作过程为：当写锁存器信号 CP 有效，数据总线上的信号→锁存器的输入端 D→锁存器的反向输出 $\overline{Q}$ 端→多路开关→V_2 管的栅极→V_2 的漏极→输出端 P0.X。前面已讲过，当多路开关的控制信号为低电平 0 时，与门输出为低电平，V_1 管是截止的，所以 P0 作为输出口时，P0 是漏极开路输出，类似于 OC 门，当驱动器上接电流负载时，需要外接上拉电阻。

P0 端口用作 I/O 口线，其输入数据(即 Input 状态)有两种情况：一种由输入缓冲器的锁存器读入内部总线；另一种由输入缓冲器的读引脚数据到内部总线。

3) P0 端口作为地址/数据总线复用时的工作原理

此时多路开关的控制信号为 1，低 8 位地址信息从与非门或与门通过场效应管经引脚输出，而外部的数据信息通过锁存器或引脚读入内部总线。

3. P1 端口的位结构工作原理图

P1 端口的位结构工作原理图如图 5-5 所示。

功能 1

功能 2

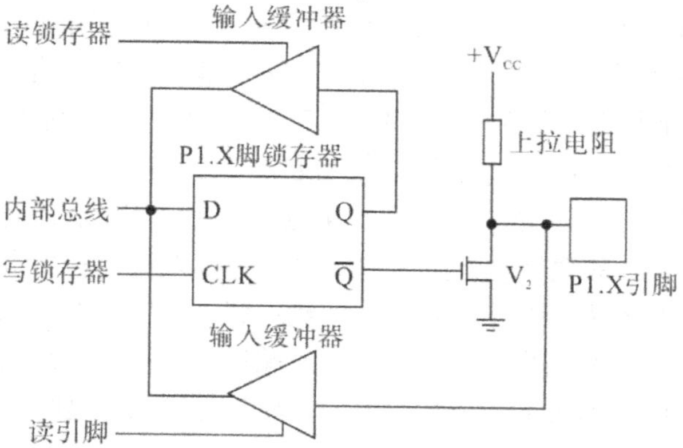

图 5-5　P1 端口的位结构原理图

4. P2 端口的位结构工作原理图

P2 端口的位结构工作原理图如图 5-6 所示。

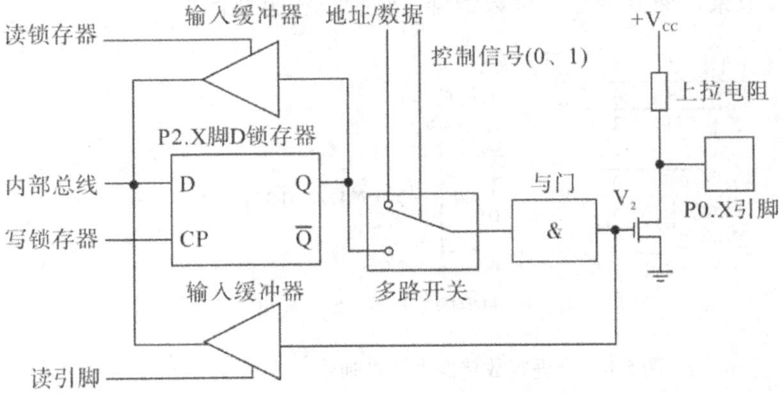

图 5-6 P2 端口的位结构原理图

结构组成

5. P3 端口的位结构工作原理图

P3 端口的位结构工作原理图如图 5-7 所示。

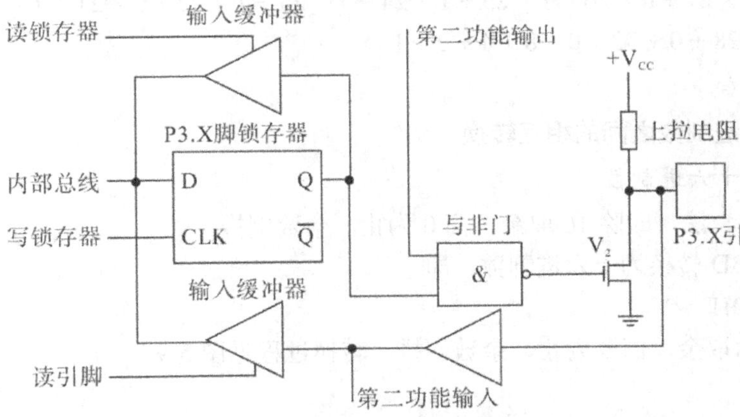

图 5-7 P3 端口的位结构原理图

编程思路

四个口的联系与区别

6. 单片机四个并行端口的负载能力

P0 端口的输出级与 P1、P2、P3 端口的输出级在结构上是不同的，因此它们的负载能力和接口要求也各不相同。一般情况下，数字逻辑器件在高电平输出时，负载的拉出电流很小，因此只需要考虑低电平输出时的负载能力。

P0 端口的每一位输出可驱动 8 个 LSTTL 输入，但是当它做通用口使用时，需外接上拉电阻；当它作为地址/数据总线时，则无需外接上拉电阻。

P1～P3 口的每一位可驱动 4 个 LSTTL 负载。它们的输出驱动电路还设置了内部的上拉电阻，所以无需外接上拉电阻。

7. 十进制数与二进制数之间的相互转换

1) 十进制数转换为二进制数

方法：“除 2 取余”法，即除 2 取余，商 0 为止，余数倒排。

例如，将十进制数 173 转换为二进制数，即

173D = 10101101B

解：将 173D 除 2 取余，商 0 为止，余数倒排，转换过程见图 5-8。

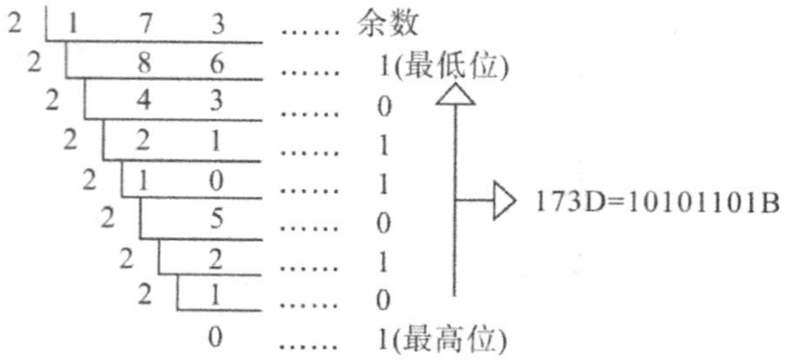

图 5-8　十进制数转换为二进制数

2) 二进制数转换为十进制数

方法：“按权展开求和”法。

例：将 10101101B 转换为十进制数，即

解：10101101B = 1 × 27 + 0 × 26 + 1 × 25 + 1 × 24 + 1 × 23 + 1 × 22 + 0 × 21 + 1 × 20

= 128 + 0 + 32 + 0 + 8 + 4 + 0 + 1

= 173

8. 十进制数与十六进制数之间的相互转换

1) 十进制数转换为十六进制数

方法：“除 16 取余”法，即除 16 取余，商 0 为止，余数倒排。

例：将十进制数 173D 转换为十六进制数，即

173D = ADH

解：将 173D 除十六取余，商 0 为止，余数倒排，转换过程见图 5-9。

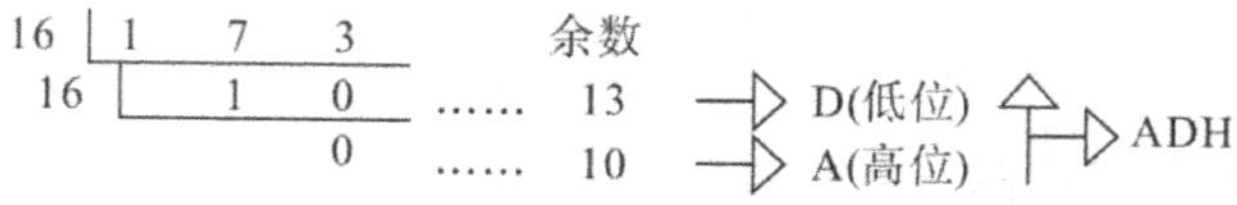

图 5-9　十进制数转换为十六进制数

2) 十六进制数转换为十进制数

方法：“按权展开求和”法。

例：将十六进制数 ADH 转换为十进制数，得：ADH = 173D。

解：用“按权展开求和”法，即：

ADH = A × 161 + D × 160

= 10 × 16 + 13 × 1

= 160 + 13

= 173

课 后 练 习

(1) 对下面的数进行进制转换。

$(00001111)_2$ = 0x________　　　　0xff = (　　　　)$_2$

$(01101001)_2$ = 0x________　　　　0x2d = (　　　　)$_2$

(2) 用位控制法编程实现 P1.3、P1.4 引脚相连接的发光二极管点亮。

(3) 用总线控制法编程实现 P1.0、P1.1、P1.6、P1.7 引脚相连接的发光二极管点亮。

(4) P 端口由哪些部件组成？P0 端口和其他端口相比有什么不同？

位控制方式
点亮多盏灯

总线方式控制
多盏灯的点亮

项目六　灯 的 闪 烁

项 目 目 标

1. 知识目标

(1) 掌握 C51 的基本数据类型的应用。
(2) 掌握#define 宏定义的应用。
(3) 掌握增量和减量运算。
(4) 掌握 for 循环的含义和应用。
(5) 掌握不带参数的子函数的定义和调用。

2. 技能目标

(1) 会描述用单片机控制一盏 LED 灯闪烁的编程思路。
(2) 会描述用单片机控制多盏 LED 灯闪烁的编程思路。
(3) 会编写和调试用单片机控制一盏 LED 灯闪烁的程序。

项 目 要 求

用单片机 P1 端口第一位控制 LED 灯的闪烁和用 P1 端口控制奇数位 LED 灯的闪烁。

知 识 链 接

用单片机 P1 端口控制偶数位灯的闪烁的实物图如图 6-1 所示。

图 6-1　P1 端口控制偶数位灯的闪烁

1. C51 语言的基本数据类型

在数学中，经常需要定义一个变量 i，给 i 赋一个值，这个值可以是正数，负数，还可以是小数等。那么在单片机里面储存数据时，储存的位置是 RAM，数据存进去以后，就要根据不同的数据大小来合理地分配储存空间，这样就需要给数据分配类型了。表 6-1 给出了 C51 语言的基本数据类型。

表 6-1　C51 的基本数据类型一览表

数据类型	位　数	所占的内存字节	数值的范围
char	8	1	0～255
signed char	8	1	−128～+127
unsigned char	8	1	0～255
int	16	2	−32768～+32768
signed int	16	2	−32768～+32768
unsigned int	16	2	0～65535
short int	16	2	−32768～+32768
signed short int	16	2	−32768～+32768
unsigned short int	16	2	0～65535
long int	32	4	−214748364～+2147483647
signed long int	32	4	−214748364～+2147483647
unsigned long int	32	4	0～4294967296
float	32	4	±1.18E−38～±3.39E+38

C51 语言常用的基本数据类型主要有 char 和 int 型，这两种数据的类型对数据的表示范围不同，处理速度也不相同。char 型数据可以表示 0～255 或 −128～+127 之内的数，而 int 型数据可以表示 0～65535 或者 −32768～+32768 之间的数，因为 51 单片机的 CPU 是 8 位的，所以处理 char 型数据最快，而处理 16 位的 int 的数据则稍慢些。

从表 6-1 中可以看出在 char 型和 int 型变量的前面加了些修饰符，这些修饰符可以改变其数据类型的表示范围，这个被称为基本类型修饰符，分别为 signed、unsigned、short、long。观察表格可以看出，short 的修饰符比较特殊，其实 short 前加不加修饰符都没有影响。signed 修饰符表示带符号的数，比如 signed char i 就是定义一个有符号字符变量 i，表示的范围是 −128～+127，而 unsigned 修饰符则表示不带符号的数，例如 unsigned char i，则是定义一个无符号的字符变量 i，表示的范围是 0～255。

2. 变量

在程序运行过程中，其值可以不断变化的量，称之为变量。在 C51 语言中，所有的变量都存储在 RAM 区，因为 RAM 是随机存储器，在 RAM 区的值才能被不断修改。C 语言规定，在每次使用一个变量之前，都要对变量进行定义，才能够使用。而每次定义一个变量之前都要对这个变量进行说明，说明这个变量是什么数据类型的，长度是多长以及占的内存是多大等，好让编译器根据数据类型来分配储存空间。如：

```
unsigned char i;
```

这句语句定义了 i 是个无符号的字符变量，它的范围是 0～255，所占内存是 1 字节，长度是 8 位。这样编译器就会根据程序的定义，在 RAM 区开辟一个 1 字节长的空间来储存数据，这个空间的名字是 i，i 里面的值默认是 0，但这个空间可以根据实际的赋值随时改变。

变量最大的优点是可以随时修改，比如在做 LED 灯的闪烁项目时，闪烁的速度是根据延迟的时间长短来实现的，而延迟时间的长短则是根据 for 循环语句中数据的大小来实现。这个数据可以是常量，但是常量的值是不可改变的，程序一旦下载到单片机里面，那么闪烁的速度就固定了。但是如果把这个值用一个变量来代替，数值就可以改变，可以通过键盘等外围设备修改这个变量的值来改变灯光闪烁的速度。

这里要提醒一点的是，变量在内存中是一个空间，它里面储存的数据是可以被不断覆盖、修改的。

3. #define 宏定义

格式：#define 新内容 原内容

#define 宏定义就是把 #define 后面的变量重新定义成一个新的名称，例如：

```
unsigned char i;
```

上面的语句是将 i 定义成无符号字符变量，但每定义一次就要重复把上面的这句语句写一遍，于是可以用下面语句来处理：

```
#define uchar unsigned char
```

上句的作用就是给“unsigned char”重新起个名字，而这个新名字就是“uchar”，这样“unsigned char i;”语句就可以用“uchar i;”代替。需要注意的是“#define uchar unsigned char”这一句后面是没有分号的，且对于同一内容，宏定义只能定义一次，否则编译器会报错。

4. 运算符——增量和减量运算

+ +：增量运算符

- -：减量运算符

增量和减量运算的作用是对运算对象做加 1 或者减 1 的运算。这种运算符是对于变量而言的，“+ +”或者“- -”可以放在变量的左侧也可以放在右侧，如下：

```
i++;
++i;
```

要注意这两种方式的运算顺序是不一样的，如“++i”(或是“--i”)是先执行“i+1”(或者“i-1”)的操作，再使用 i 的值；而“i++”则是先使用 i 的值，再执行 i+1 的操作。

5. for 循环

1) 格式

for(表达式 1;表达式 2;表达式 3)

```
{
  ……(语句);
}
```

“表达式 1”是用来给变量赋初始值的，所以也称这一句为初始化语句。有时也可在语句外给变量赋值，“表达式 1”就可以空着不写。“表达式 2”是循环条件，一般为逻辑关系或者一般关系的表达式。“表达式 3”用来修改变量的值。例如下面的 for 语句：

```
for(i=100;i>0;i--);
```

2) 执行过程

下面以“for(i=100; i>0;i--)”语句为例说明 for 语句执行过程。

(1) 计算“表达式 1”，进行初始化。执行 i=100，i 的值就等于 100。

(2) 计算“表达式 2”，如果条件成立，即满足 i > 0，就是进入循环体，循环体在本例中为空循环，即什么也不做。执行循环体一遍之后，接着去执行“表达式 3”，执行完“表达式 3”后再次判断“表达式 2”。这个例子中，进入循环体一遍之后程序就会执行“i--”，将 i 的值减 1，然后再次去执行“i>0”。很显然，100 – 1 = 99 > 0，所以程序就会再次进入循环体，什么也不做，这样重复 100 次之后，i 就等于 0 了，i > 0 的条件不能满足，程序将会执行这个 for 语句的下条语句。

3) 注意事项

(1) 根据 for 语句的这个特点，可以用 for 语句编写延迟程序。因为单片机执行程序是需要时间的，程序可以进行多次循环。在 for 循环过程中，“表达式 1”只计算一次，“表达式 2”和“表达式 3”可被执行多次，循环体可被执行多次，也可一次也不执行。

(2) for 语句中表达式可以省略不写，但分号一个也不能少。例如，执行时跳过计算“表达式 1”可以书写成

```
for(;i>0;i--);
```

for 语句还可以写成如下特殊形式：

```
for(;;);
```

或者

```
for(;;)
{
  ……(语句)；
}
```

由于 for 语句的三个表达式都被省略，因而形成了无限循环，这个语句可以无限循环执行大括号内的语句。

6. for 语句的嵌套循环

在写程序的时候有时候需要更长时间的延迟，这时候就可以使用到 for 语句的嵌套循环，如下面的例子：

```
uint i,j;
for(i=100;i>0;i--)
{
```

```
        for(j=110;j>0;j--);
    }
```

程序开始定义了 i、j 两个变量，接着进入了第一个 for 循环，再判断 i>0 是否成立，条件满足，程序执行进入了循环体。这里需要注意的是大括号是可以省略掉的，上面的程序可以简化成如下形式：

```
uint i,j;
for(i=100;i>0;i--)
  for(j=110;j>0;j--);
```

当第一个 for 语句后没有分号时，就认为第二个 for 语句是第一个 for 语句的内部语句。第一个 for 语句中 i 满足条件后，就会去执行它所包含的语句，也就是第二个 for 语句，在这里程序会循环 100 次。可是当 j 不满足 j>0 的条件时，就会再次进入第一个 for 循环，显然此时 i 依然是满足条件的，可以看出第二个 for 语句就被执行了 100 次。所以通过修改变量 i 和 j 的值就可以更改这段程序执行的时间，达到延迟的目的。当然，也可以加入第三个 for 语句嵌套，第四个，第五个……。

在 C 语言中，这种延迟语句是不好计算具体的执行时间有多长，一般这种延时程序是用在对时间精确度要求不高的项目里。如果需要非常精确的时间，就需要通过 51 单片机内部自带的定时器功能来达到精确的延迟，这个在后面介绍。

7. 不带参数的子函数

1) 格式

```
void  函数名称(void)
{
  ……(语句);
}
```

以上函数中的标识符“void”的中文意思是“无类型”，表明这是一个没有参数传入，也不带返回值的函数。在实际项目中，有时同样功能的程序需要被用到多次，例如在程序中常常看到以下延时程序不止一次地出现。

```
for(i=100;i>0;i--)
for(j=110;j>0;j--);
```

这是一个消耗机器周期的延迟程序，在程序中要使用两次延迟才能达到预期效果。如果需要使用两次以上则可以把这个要反复用到的程序段写到主函数之外，定义成一个独立的子函数，这样主函数就可以方便的随时调用这个子函数来完成延时。延时程序必须写到主函数的前面，并定义为如下这个函数，则在主程序里需要延时时就可以直接调用。

```
void delay(void)
{
  int i,j;
  for(i=100;i>0;i--)
    for(j=110;j>0;j--);
}
```

2) 调用

调用子函数格式如下所示：

```
LED1=0;
delay();
LED1=1;
delay();
```

这样就减少了许多工作量。

3) 注意事项

“void delay(void)”这个子函数的函数名是可以任意命名，比如写成“void yanshi(void)”也是可以的，只要不和 C 语言的关键字重复就行了。如果写成“void for(void)”则会出错，因为“for”是 C 语言的关键字。另外，括号里面的“void”可以省略掉，编译器也不会报错。

8. 电路原理图

单片机 P1 端口控制多盏 LED 灯闪烁的电路原理图如图 6-2 所示。

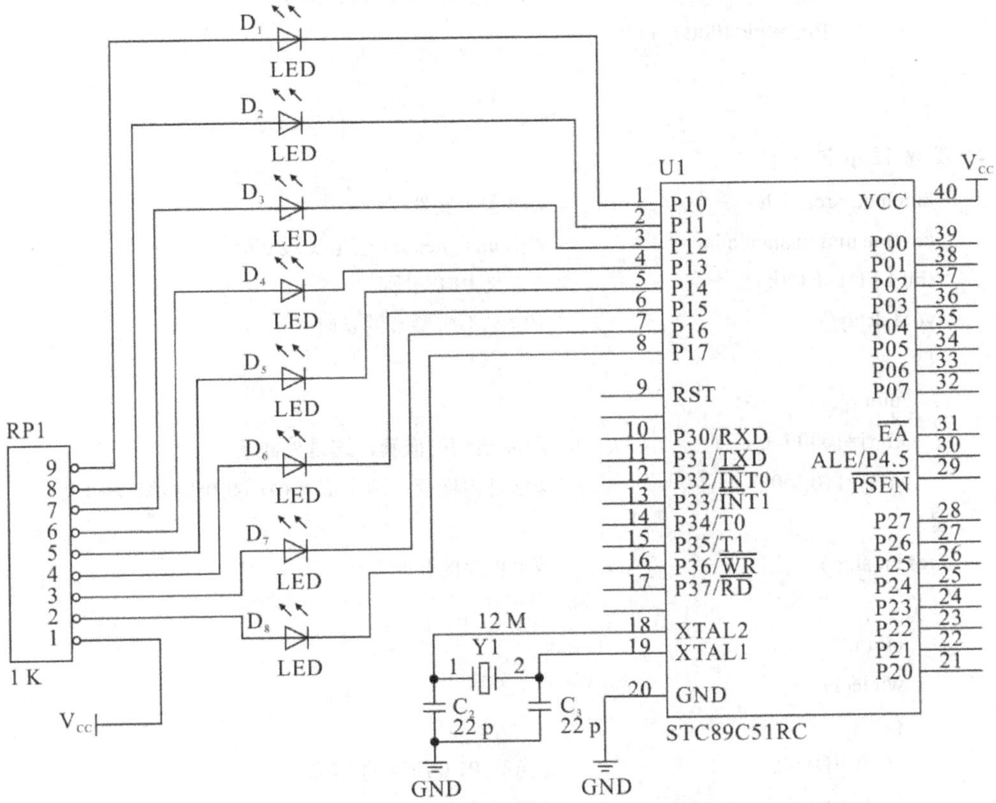

图 6-2　P1 端口控制多盏 LED 灯闪烁的电路原理图

9. 单片机控制一盏 LED 灯闪烁程序设计

1) 编程思路

要让一盏灯闪烁就是让一盏灯点亮，然后延时一会，至少让眼睛能看得到灯点亮的状态，再让这盏灯熄灭，然后也延时一会，这样反复循环就能看到这盏灯是闪烁的效果了。

2) 连线

用单根杜邦线将 P1.0 端口连接 LED1 灯的外接插针(实验箱最左边的第一盏灯标记为 LED1，从左至右依次编号。)

3) 参考程序 1

```
#include <reg52.h>                     //包含头文件
#define uint unsigned int              //将 unsigned int 宏定义成 uint 字符
sbit LED1=P1^0;                        //位定义 P1.0 引脚为 LED1 名字
void main( )                           //主程序的开始
{
 uint i;
 while(1)
 {
        LED1=0;                        //点亮 P1.0 所连的 LED 灯
        for(i=0;i<10000;i++);          //延时 10 000 μs
        LED1=1;                        //熄灭 P1.0 所连的 LED 灯
        for(i=0;i<10000;i++);
  }
}
```

4) 参考程序 2

```
#include <reg52.h>                     //包含头文件
#define uint unsigned int              //将 unsigned int 宏定义成 uint
sbit LED1=P1^0;                        //定义 P1.0 引脚
void delay()                           //定义不带参数的延时子函数
{
   uint i,j;
   for(i=1000;i>0;i- -)                //for 语句的嵌套，这是外嵌套
   for(j=110;j>0;j- -);                //这是内嵌套，两个嵌套循环共延时时长约 1 s
}
void main( )                           //主程序的开始
{
   uint i;
   while(1)
   {
      LED1=0;                          //点亮 P1.0 所连的 LED 灯
      delay() ;                        //延时约 1 s
      LED1=1;                          //熄灭 P1.0 所连的 LED 灯
      delay() ;                        //延时约 1 s
   }
}
```

5) 注意事项

(1) 在定义 i 变量的时候用到了无符号整形的数据类型，这是因为 i 在使用时，i 的值达到了 10 000，超出了字符型数据类型的数据范围。

(2) 延时时间设计不能太短，因为人眼的视觉暂留时间约为(0.05～0.2) s，如果太短，人眼则看不到灯闪烁现象。这个实验可以在实验的过程中通过改变 i 初始数值大小来观察。

10. 单片机控制多盏 LED 灯闪烁程序设计

1) 编程思路

要让多盏灯闪烁就是点亮多盏灯，然后延时一会，再让这些多盏灯熄灭。然后也延时一会，这样反复循环就能看到多盏灯闪烁的效果了。这里假定让奇数数灯点亮，就像图 6-1 所示的效果。实验箱最左边的第一盏灯标记为 LED1，所以后面统一称为第一盏灯。

2) 连线

用一组杜邦线将 P1 端口连接 LED1～LED8 灯的外接插针。规定 P1.0 连接 LED1，P1.7 连接 LED8，其他一一对应即可。

3) 参考程序 1

多盏灯闪烁　　程序

```
#include <reg52.h>                 //包含头文件
#define uint unsigned int          //将 unsigned int 宏定
                                     义成 uint
sbit LED1=P1^0;                    //定义 P1.0 引脚
sbit LED3=P1^2;                    //定义 P1.2 引脚
sbit LED5=P1^4;                    //定义 P1.4 引脚
sbit LED7=P1^6;                    //定义 P1.6 引脚
void delay()                       //不带参数的延时子函数的定义
{
 uint i,j;
 for(i=1000;i>0;i- -)              //for 语句的嵌套，这是外嵌套,延时时长约 1 s
    for(j=110;j>0;j- -);}          //for 语句的嵌套，这是内嵌套
void main( )                       //主程序的开始
{
  uint i;
  while(1)
  {
      LED1=0;                      //点亮 P1.0 所连的 LED 灯
      delay() ;                    //延时约 1 s
      LED1=1;                      //熄灭 P1.0 所连的 LED 灯
      delay()  ;                   //延时约 1 s
      LED3=0;                      //点亮 P1.2 所连的 LED 灯
```

```
            delay() ;
            LED3=1;                     //熄灭 P1.2 所连的 LED 灯
            delay() ;
            LED5=0;                     //点亮 P1.4 所连的 LED 灯
            delay() ;
            LED5=1;                     //熄灭 P1.4 所连的 LED 灯
            delay() ;
            LED7=0;                     //点亮 P1.6 所连的 LED 灯
            delay() ;
            LED7=1;                     //熄灭 P1.6 所连的 LED 灯
            delay() ;
        }
    }
```

4) 参考程序 2

```
#include <reg52.h>                 //包含头文件
#define uint unsigned int          //将 unsigned int 宏定义成 uint
void delay()                       //定义不带参数的延时子函数
{
   uint i,j;
   for(i=1000;i>0;i- -)            //for 语句的嵌套，这是外嵌套,延时时长约 1 s
       for(j=110;j>0;j- -);              //for 语句的嵌套，这是内嵌套
}
void main( )                       //主程序的开始
{
   while(1)
   {
      P1=0x55;                     //点亮 P1 端口所连的 8 个 LED 的偶数位灯
      delay() ;                    //延时约 1 s
      P1=0xff;                     //熄灭 P1 端口所连的所有灯
      delay() ;
   }
}
```

5) 注意事项

这里可以用 P0～P3 端口的任意一个端口去控制 LED 的 8 盏灯，示例中用的是 P1 端口。

思考：用位方式和用总线方式控制多盏 LED 灯的闪烁，哪种方式更好？为什么？

11. 评价参考表

单片机控制灯闪烁项目的考核评价参考表如表 6-2 所示。

表 6-2　单片机控制灯闪烁项目的考核评价参考表

<table>
<tr><td colspan="3">班级：　　　　　　　　姓名：</td><td colspan="4">得分：</td></tr>
<tr><td rowspan="2">评价要素</td><td rowspan="2">评价标准</td><td rowspan="2">评价依据</td><td colspan="3">评价方式</td><td rowspan="2">合计</td></tr>
<tr><td>个人
20%</td><td>小组
20%</td><td>老师
60%</td></tr>
<tr><td>知识
30 分</td><td>(1) 掌握 C51 的基本数据类型及其范围
(2) 掌握 C51 的变量定义和使用
(3) 掌握增量和减量运算
(4) 掌握 for 循环语句的格式及应用
(5) 掌握 for 语句的嵌套循环的格式及应用
(6) 掌握不带参数的子函数的定义和调用
(7) 掌握控制一盏 LED 灯闪烁的编程思路
(8) 掌握控制多盏 LED 灯闪烁的编程思路</td><td>(1) 学生回答老师提问、作业或卷面考核
(2) 小组总结</td><td></td><td></td><td></td><td></td></tr>
<tr><td>技能
50 分</td><td>(1) 能用 KEIL 软件编写控制一盏 LED 灯闪烁的程序
(2) 能用 KEIL 软件编写控制多盏 LED 灯闪烁的程序
(3) 能在老师指导下正确调试程序的错误
(4) 会用下载软件下载到单片机芯片中去
(5) 会在老师指导下联合调试软硬件错误并显示出最终效果
(6) 会描述程序语句的含义</td><td>(1) 操作规范
(2) 逻辑清晰
(3) 表达清楚
(4) 在老师指导下能完成程序故障诊断与调试</td><td></td><td></td><td></td><td></td></tr>
<tr><td>素养
20 分</td><td>(1) 能在工作中自觉地执行 6S 现场管理规范，遵守纪律，服从管理
(2) 能积极主动地按时完成学习及工作任务
(3) 能规范操作
(4) 有条不紊，逻辑性强
(5) 能在学习中与其他学员团结协作</td><td>(1) 考勤
(2) 动作规范
(3) 思路清晰
(4) 6S 现场管理规范</td><td></td><td></td><td></td><td></td></tr>
<tr><td colspan="3">总　评</td><td colspan="4"></td></tr>
</table>

知 识 拓 展

单片机的几个周期概念介绍。

(1) 时钟周期：也称振荡周期，为时钟频率的倒数，比如晶振为频率 12 MHz，则它的时钟周期为 1/12 μs。它是单片机中最基本的、最小的时间单位。由于时钟脉冲是 CPU 的基本工作脉冲，它控制着 CPU 的工作节奏，使 CPU 的每一步都同步到它的步调上来。显然，对同一种单片机，时钟频率越高，则它的速度就越快。但是由于不同的单片机其内部硬件电路和电气结构不完全相同，所以其所需要的时钟频率范围也不一定相同。比如STC89C 系列单片机的时钟频率范围约在(1～40) MHz 之间。

(2) 状态周期：它是时钟周期的两倍。

(3) 机器周期：它是单片机的基本操作周期。在一个操作周期内，单片机完成一项基本操作，比如取指令、存储器读/写等。它由 12 个时钟周期组成。

(4) 指令周期：它是指 CPU 执行一条指令所需要的时间，一般一个指令周期含有 1～4 个机器周期。

课 后 练 习

(1) #define 宏定义的作用是什么？

(2) 增量和减量运算的格式和含义分别是什么？

(3) 用 for 循环语句编写一个延时 0.5 s 的延时子函数并写出注释。

(4) 编写一个让第 1、3、5 盏 LED 灯亮 1 s，灭 0.5 s 的程序。

项目七　流　水　灯

项 目 目 标

1. 知识目标

(1) 掌握左、右移运算指令。
(2) 掌握左循环、右循环函数的应用。
(3) 掌握让一盏 LED 灯流动点亮起来的程序含义。
(4) 掌握带参数的子函数的定义和调用。

2. 技能目标

(1) 会用带参数的子函数来编写让一盏 LED 灯流动点亮的程序。
(2) 会调试出错后的程序。
(3) 会用下载软件下载程序到芯片中，并联合调试软、硬件错误，最终显示程序效果。
(4) 会描述程序语句的含义。

项 目 要 求

用单片机 P1 端口控制一个 LED 灯的流动点亮，效果如图 7-1 所示。

图 7-1　流水灯效果图

知 识 链 接

1. 左、右移指令

1) *左移*

C51 语言中左移操作符为“<<”，每执行一次左移指令，被操作的数据将最高位移入单片机 PSW 寄存器的 CY 位中，CY 中原来的数被覆盖，其他位依次向左移动一位，最低位补 0，示意图如图 7-2 所示。

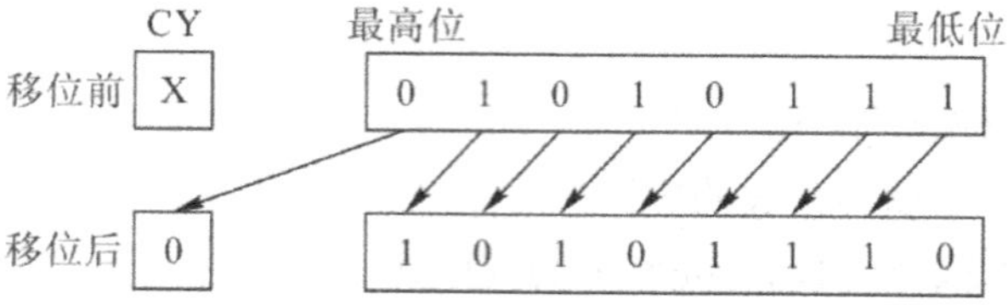

图 7-2　左移示意图

2) *右移*

C51 语言中右移操作符为“>>”，每执行一次右移指令，被操作的数据将最低位移入单片机 PSW 寄存器的 CY 位中，CY 中原来的数被覆盖，其他位依次向右移动一位，最高位补 0，示意图如图 7-3 所示。

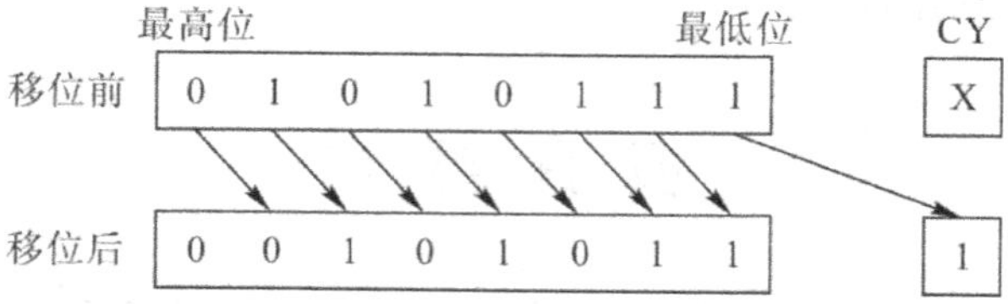

图 7-3　右移示意图

3) *循环左移*

每执行一次循环左移指令，被操作的数据将最高位移入最低位，其他位依次向左移动一位。C 语言中没有专门的指令，通过移位指令和简单的逻辑运算可以实现循环左移，或者直接利用 C51 语言库中自带的函数_crol_来实现。具体示意图如图 7-4 所示。

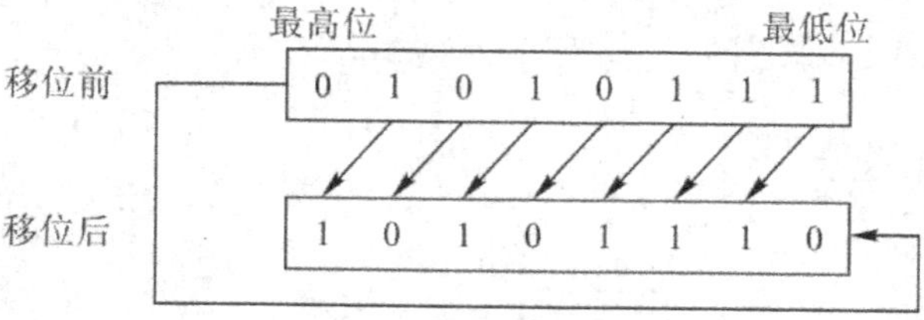

图 7-4　循环左移示意图

左循环函数原型：

```
unsigned char _crol_(unsigned char a，unsigned char n);
```

如“_crol_(m，n)”语句表示将数据 m 循环左移 n 位例如：

```
P2=0xfe;
P2=_crol_(P2,1); //执行程序后 P2=0xfd。
```

4) 循环右移

每执行一次循环右移指令，被操作的数据将最低位移入最高位，其他位依次向右移动一位。C 语言中没有专门的指令，通过移位指令和简单的逻辑运算可以实现循环右移，或者直接利用 C51 语言库中自带的函数_cror_来实现。具体示意图如图 7-5 所示。

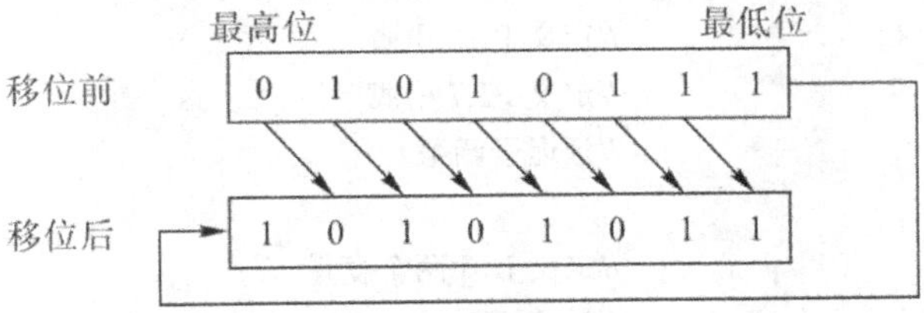

图 7-5　循环右移示意图

右循环函数原型：

```
unsigned char _cror_(unsigned char a, unsigned char n);
```

如“_cror_(m，n)”语句表示将数据 m 循环右移 n 位

例如：

```
P2=0xfe;
P2=_cror_(P2,1); //执行程序后 P2=0xef。
```

2. 带参数函数的定义及调用

编程时经常用到延时子函数，一个项目程序中有时会多次出现延时子函数，但不是每次延时的时间都不变，有的需要延时 200 ms，有的需要延时 2 ms，有的需要延时 100 ms。编程时并不需要每次都重复编写一次延时程序，而是使用带参数函数就可以解决这样的问题。如下面的程序段：

```
void delay_1ms(uint x)
{
    uint i,j;
    for(i=x;i>0;i- -)
        for(j=110;j>0;j- -);
}
```

上面代码中“delay_1ms”后面的括号中多了个“uint x”，这就是延时函数所带的一个参数，“x”是一个 unsigned int 型变量，也叫做这个函数的形参。在调用这个函数的时候，可以用一个真实的数据代替此形参，这个真实的数据叫作实参。形参被实参代替后，在子函数的内部所有和形参相同的变量就都被实参代替了。有了这种带参数函数，项目程序中要使用延迟时间为 200 ms 的延迟函数的时候，就可以写成“delay_1ms(200)”；要延迟 2 ms，就可以写成“delay_1ms(2)”。这样编程就方便了许多。

3. 软件程序部分

1) 参考程序 1

```
#include <reg52.h>                //包含头文件
```

```
#define uint unsigned int          //将 unsigned int 宏定义成 uint
#define uchar unsigned char        //将 unsigned char 宏定义成 uchar
sbit LED1=P1^0;                    //定义 P1.0 引脚
sbit LED2=P1^1;                    //定义 P1.1 引脚
sbit LED3=P1^2;                    //定义 P1.2 引脚
sbit LED4=P1^3;                    //定义 P1.3 引脚
sbit LED5=P1^4;                    //定义 P1.4 引脚
sbit LED6=P1^5;                    //定义 P1.5 引脚
sbit LED7=P1^6;                    //定义 P1.6 引脚
sbit LED8=P1^7;                    //定义 P1.7 引脚
void delay()                       //延迟子函数
{
  uint i,j;                        //定义 i，j 两个变量
  for(i=50;i>0;i--)                //for 循环
     for(j=100;j>0;j--);
}
void main()                        //主函数
{
  while(1)                         //无限循环
  {
     LED1=0;                       //点亮第 1 个灯
     delay();                      //延迟一会儿
     LED2=0;                       //点亮第 2 个灯
     LED1=1;                       //熄灭第 1 个灯
     delay();                      //延迟一会儿
     LED3=0;                       //点亮第 3 个灯
     LED2=1;                       //熄灭第 2 个灯
     delay();                      //延迟一会儿
     LED4=0;                       //点亮第 4 个灯
     LED3=1;                       //熄灭第 3 个灯
     delay();                      //延迟一会儿
     LED5=0;                       //点亮第 5 个灯
     LED4=1;                       //熄灭第 4 个灯
     delay();                      //延迟一会儿
     LED6=0;                       //点亮第 6 个灯
     LED5=1;                       //熄灭第 5 个灯
     delay();                      //延迟一会儿
     LED7=0;                       //点亮第 7 个灯
     LED6=1;                       //熄灭第 6 个灯
     delay();                      //延迟一会儿
     LED8=0;                       //点亮第 8 个灯
     LED7=1;                       //熄灭第 7 个灯
     delay();                      //延迟一会儿
```

函数方式控制流水灯

数组方式控制双龙戏珠

艺术彩灯

```
LED8=1
Delay();
    }
}
```

思考：如果不调用延时子函数会是什么样的现象呢?

2) 参考程序 2

```
#include <reg52.h>                    //包含头文件
#define uint unsigned int             //将 unsigned int 宏定义成 uint
#define uchar unsigned char           //将 unsigned char 宏定义成 uchar
void delay()                          //延迟子程序
{
   uint i,j;                          //定义变量
   for(i=50;i>0;i--)                  //for 循环外嵌套
         for(j=100;j>0;j--);          //for 循环内嵌套
}
void main()                           //主函数
{
   while(1)                           //无限循环
   {
        P1=0x7f;                      //点亮第 1 个灯
        delay();                      //延迟
        P1=0xbf;                      //点亮第 2 个灯
        delay();                      //延迟
        P1=0xdf;                      //点亮第 3 个灯
        delay();                      //延迟
        P1=0xef;                      //点亮第 4 个灯
        delay();                      //延迟
        P1=0xf7;                      //点亮第 5 个灯
        delay();                      //延迟
        P1=0xfb;                      //点亮第 6 个灯
        delay();                      //延迟
        P1=0xfd;                      //点亮第 7 个灯
        delay();                      //延迟
        P1=0xfe;                      //点亮第 8 个灯
        delay();                      //延迟
   }
}
```

位控制方式
流水灯

思考：用位控制的方法和用总线控制的方法控制流水灯有什么区别？哪种方法较好？为什么？

3) 参考程序 3

```
#include<reg52.h>
#define uchar unsigned char
```

```
#define uint unsigned int
void mDelay(uint Delay)              //延时
{
    uint i，j;
    for(i= Delay;i > 0;i--)
    for(j = 0;j < 110;j++);
}
void main(void)
{
     unsigned char aa,i;
     while(1)
     {
          aa=0x01;
          for(i = 0;i < 8;i++)         //实现 1 到 8 只流水灯的循环显示
          {
                P0=~aa;                //将 aa 的二进制数每位取反后送给 P0 端口
                mDelay(100);           //100 ms 的延迟
                aa<<=1;                //将 aa 的二进制数左移一位
           }
     }
}
```

移位运算

思考：用左移运算实现流水灯要注意什么？

4) *参考程序 4*

```
#include<intrins.h>
#include<reg52.h>
#define uchar unsigned char
#define uint unsigned int
void mDelay(uint Delay)              //延时
{
      uint i，j;
      for(i= Delay;i > 0;i--)
        for(j = 0;j < 110;j++);
}
void main(void)
{
     unsigned char a,i;
     while(1)
     {
          a = 0xfe;
          for(i = 0;i < 7;i++)           //实现 1 到 8 只流水灯的循环显示
          {
                mDelay(100);             //100 ms 的延迟
                P0 = _crol_(a,1);        //实现将 a 值每次循环左移一位输出
```

艺术流水灯 1

艺术流水灯 2

总线方式控制流水灯

总线方式控制艺术彩灯

```
            a = P0;
        }
    }
}
```

思考：用函数的方法控制流水灯和上面三种方法比较有什么优点？并要注意什么？

4. 评价参考表

单片机控制流水灯项目的考核评价参考表如表 7-1 所示。

表 7-1　单片机控制流水灯项目的考核评价参考表

班级：	姓名：	得分：				
评价要素	评价标准	评价依据	评价方式			合计
			个人 20%	小组 20%	老师 60%	
知识 30 分	(1) 掌握左、右移运算指令 (2) 掌握左循环、右循环函数的应用 (3) 掌握用位定义方式让一盏 LED 灯流动点亮起来的编程思路 (4) 掌握用总线方式让一盏 LED 灯流动点亮起来的编程思路 (5) 掌握用左移或右移指令实现让一盏 LED 灯流动点亮起来的编程思路 (6) 掌握用循环左移或循环右移函数实现让一盏 LED 灯流动点亮的编程思路 (7) 掌握带参数的子函数的定义和调用	(1) 学生回答老师提问、作业或卷面考核 (2) 小组总结				
技能 50 分	(1) 用 Keil 软件编写让一盏 LED 灯流动点亮的程序 (2) 能在老师指导下正确调试程序的错误 (3) 会用下载软件下载程序到单片机芯片中去 (4) 会在老师指导下联合调试软、硬件错误，并显示出程序最终效果 (5) 会描述程序语句的含义	(1) 操作规范 (2) 逻辑清晰 (3) 表达清楚 (4) 在老师指导下能完成程序故障诊断与调试				
素养 20 分	(1) 能在工作中自觉地执行 6S 现场管理规范，遵守纪律，服从管理 (2) 能积极主动地按时完成学习及工作任务 (3) 能规范操作 (4) 有条不紊，逻辑性强 (5) 能在学习中与其他学员团结协作	(1) 考勤 (2) 动作规范 (3) 思路清晰 (4) 6S 现场管理规范				
总　评						

知 识 拓 展

1. 左移指令举例和补充说明

例如：

```
int i = 1;i = i << 2;  //把 i 里的值左移 2 位，最低位补 0。
```

此语句是说 1 的二进制为 000…0001(这里 1 前面 0 的个数和 int 的位数有关，32 位机器 gcc 里有 31 个 0)，左移 2 位之后变成 000…0100,也就是十进制的 4，所以说左移 1 位相当于乘以 2，那么左移 n 位就是乘以 2 的 n 次方了(有符号数不完全适用，因为左移有可能导致符号变化) 。

需要说明的一个问题是 int 类型最左端的符号位和移位移出去的情况。int 是有符号的整型数，最左端的位是符号位，即 0 正 1 负，那么移位的时候就会出现溢出，例如：

```
int i = 0x4000 0000;  //十六进制的 4000 0000，为二进制的 0100 0000…0000。
i = i << 1;
```

那么，i 在左移 1 位之后就会变成 0x80 000 000，也就是二进制的 10 0000…0000，符号位被置 1，其他位全是 0，变成了 int 类型所能表示的最小值-2 147 483 648，溢出。如果再接着把 i 左移 1 位会出现什么情况呢？在 C 语言中采用了丢弃最高位的处理方法，丢弃了 1 之后，i 的值就变成了 0。

左移里一个比较特殊的情况是当左移的位数超过该数值类型的最大位数时，编译器会用左移的位数去模该类型的最大位数，然后按余数进行移位。

例如：

```
int i = 1, j = 0x8000 0000;  //设 int 为 32 位
i = i << 33;  // 33 % 32 = 1, 左移 1 位，i 变成 2
j = j << 33;  // 33 % 32 = 1, 左移 1 位，j 变成 0，最高位被丢弃
```

在用 gcc 编译这段程序的时候编译器会给出一个警告信息，说左移位数大于等于类型长度，实际上 i、j 移动就 1 位，也就是“33%32”去模运算后的余数。在 gcc 编译器下是这个规则，别的编译器还不清楚。

2. 右移指令举例和补充说明

右移指令对符号位的处理和左移不同，对于有符号整数来说，右移会保持符号位不变，比如整型。

例如：

```
int i = 0x8000 0000;
i = i >> 1;  //i 的值不会变成 0x4000 0000，而会变成 0xc000 0000
```

就是说，符号位向右移动后，正数的话补 0，负数补 1，也就是汇编语言中的算术右移。同样当移动的位数超过类型的长度时，会去模运算取余数，然后移动余数个位。 负数 1010 0110 右移 5 位(假设字长为 8 位)，则得到的是 1111 1101。

总之，在 C 语言中，左移是逻辑、算术左移(两者完全相同)；右移是算术右移，会保持符号位不变，实际应用中可以根据情况用左、右移做快速的乘除运算，这样会比循环效

率高很多。

移位操作符的两个操作数必须是整型的，整个移位表达式的值的类型也是整型的，而且左移位操作符与右移位操作符的运算并不对称，一切与其在内存中的存储形式有关。

3. intrins.h 文件的函数

在C51单片机编程中，头文件intrins.h的函数使用起来会像在用汇编语言时一样简便。内部函数描述如下：

- _crol_：字符循环左移。
- _cror_：字符循环右移。
- _irol_：整数循环左移。
- _iror_：整数循环右移。
- _lrol_：长整数循环左移。
- _lror_：长整数循环右移。
- _nop_：空操作 8051 NOP 指令。
- _testbit_：测试并清零位 8051 JBC 指令。

这几种函数详细介绍如下。

1) *函数名*： _crol_，_irol_，_lrol_

原型：

```
unsigned char _crol_(unsigned char val,unsigned char n);
unsigned int _irol_(unsigned int val,unsigned char n);
unsigned int _lrol_(unsigned int val,unsigned char n);
```

功能：_crol_，_irol_，_lrol_以位形式将参数左移 n 位，这些函数与 8051 “RLA” 指令相关，上面几个函数不同于参数类型。

例：

```
#include <intrins.h>
main()
    {
        unsigned int y;
        y=0x00ff;
        y=_irol_(y,4);
    }
```

2) *函数名*： _cror_，_iror_，_lror_

原型：

```
unsigned char _cror_(unsigned char val,unsigned char n);
unsigned int _iror_(unsigned int val,unsigned char n);
unsigned int _lror_(unsigned int val,unsigned char n);
```

功能：_cror_，_iror_，_lror_以位形式将参数右移 n 位，这些函数与 8051 “RRA” 指令相关，不同于参数类型。

例：

```
#include <intrins.h>
```

```
main()
    {
      unsigned int y;
      y=0x0ff00;
      y=_iror_(y,4);
    }
```

3) *函数名：* _nop_

原型：

```
void _nop_(void);
void_tuzi_(void);
void _nop_(void);
```

功能：_nop_产生一个 NOP 指令，该函数可用作 C 程序的时间比较。C51 编译器在_nop_函数工作期间不产生函数调用，即在程序中直接执行 NOP 指令。

例：

```
P()=1;
_nop_();
P()=0;
```

4) *函数名：* _testbit_

原型：

```
bit _testbit_(bit x);
```

功能：_testbit_产生一个 JBC 指令，该函数测试一个位，当置位时返回 1，否则返回 0。如果该位置为 1，则将该位复位为 0。8051 的 JBC 指令即用作此目的。_testbit_只能用于可直接寻址的位，在表达式中不允许使用。

课 后 练 习

(1) 用循环左移函数和带参数的延时子函数编写 8 个 LED 灯中的第 1、3、5、7 盏灯依次点亮 1 s，然后熄灭 1 s 循环的程序。

(2) 用循环右移函数编写 8 个 LED 灯中两个相邻的 LED 灯一起点亮 0.5 s，然后熄灭 0.5 s，依次循环的程序。

(3) 编程循环实现从左到右依次点亮 8 盏 LED 灯，然后从右到左依次熄灭 8 盏 LED 灯。

(4) 编程循环实现从两边往中间依次点亮 8 盏 LED 灯，然后从中间往两边依次熄灭 8 盏 LED 灯。

项目八　数码管显示

项目目标

1. 知识目标

(1) 掌握数码管共阴极和共阳极段码值的计算。

(2) 掌握实验箱数码管静态和动态显示原理。

(3) 掌握一维数组的定义与应用。

(4) 掌握用单片机控制多位数码管的动态显示。

2. 技能目标

(1) 会用 1 位数码管静态显示数字“1”。

(2) 会用 1 位数码管静态显示 9 s 倒计时。

(3) 会用 8 位数码管同时轮流静态显示数字“0～7”。

(4) 会用 8 位数码管动态显示数字“1～8”。

(5) 会用 8 位数码管动态显示 99 s 倒计时。

项目要求

(1) 用 1 位数码管静态显示 9 s 倒计时。

(2) 用 8 位数码管动态显示 99 s 倒计时。

知识链接

数码管是显示屏的一种，通过对其不同的管脚输入相应的电流，会使其发光，从而能够显示时间、日期、温度等所有可用数字表示的参数。

由于数码管的价格便宜，使用简单，数码管作为显示模块在日常生活中运用的相当广泛。例如：家电领域中数码管可以作为电冰箱，空调，电热水器的温度调控显示，如图 8-1 所示；万年日历的数字显示，如图 8-2 所示；在工控领域中数码管经常被用做一些物理参数的数据显示模块等。

图 8-1　数码管显示温度

图 8-2　数码管显示日历

1. 数码管的类型和结构

图 8-3 所示是三种不同类型的数码管：八段数码管、七段数码管和米字形数码管。不管将几位数码管连在一起，数码管的显示原理都是一样的，都是靠点亮内部的二极管来实现。

(a) 八段数码管　　(b) 三位七段数码管　　(c) 米字形数码管

图 8-3　数码管的类型

数码管内部结构即内部 LED 的排列顺序图如图 8-4(a)所示，最顶上的 LED 管为 a 段，顺时针旋转依次为 b、c、d、e、f、g、dp 段，dp 段为小数点显示位。八个共阳极数码管结构如图 8-4(b)所示，八个共阴极数码管结构如图 8-4(c)所示。

内部结构

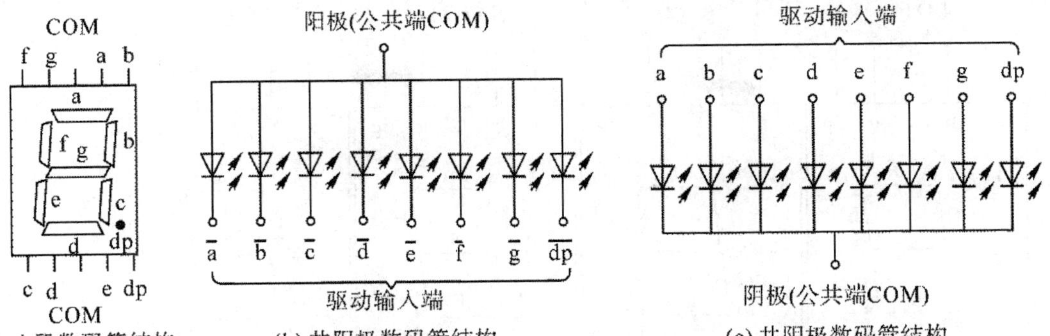

(a) 八段数码管结构　　(b) 共阳极数码管结构　　(c) 共阴极数码管结构

图 8-4　数码管的结构

2. 数码管显示原理

一个数码管如何亮起来，以共阳极八段数码管为例进行说明。其 8 个发光二极管的阳极在数码管内部全部连接在一起，称为共阳极，它们的阴极是独立的。通常在设计的时候阳极接+5V 电源，当对其中一个阴极接地的时候，对应的二极管就会导通发光。比如要显示“1”，那么就给 f 和 e 段 LED 送低电平，其他的 LED 送高电平，即显示“1”。如果想要显示“0”，则给 g 和 dp 段 LED 送高电平，给其他的 LED 全部送低电平，则数码管显示“0”。

在使用数码管的时候，想要它显示某一数字，就应该点亮相应的发光二极管，因此，在显示数字的时候，要给 0～9 数字编码，当然也可以显示 a～f 这几个英文字母。

在使用数码管的时候，有时需要判断手中的数码管是共阴极的还是共阳极的，判断方法为：首先需要 1 个电源((3～5) V)和 1 个 1 kΩ(几百欧的也行)的电阻，电源正极串接电阻后和电源负极接数码管任意两个引脚，组合有很多种，但总会有一个 LED 发光，找到一个就行，然后电源负极保持不动，电源正极(串电阻)逐个碰数码管剩下的引脚，如果有多个 LED(一般是 8 个)发光，则为共阴极数码管。相反电源正极保持不动，电源负极逐个碰数码管剩下的引脚，如果有多个 LED(一般是 8 个)发光，那它就是共阳极数码管。也可以直接用数字万用表判断，红表笔可代替电源的正极，黑表笔可代替电源的负极。

3. 多位数码管静态显示原理

数码管的静态显示之所以称为静态显示，是由于显示器中的各位数码管相互独立，而且各位数码管的显示字符一经确定，相应 I/O 端口的输出将维持不变，直到显示下一个字符为止，也正因为如此，静态显示器的亮度较高。图 8-5 所示为一个 4 位静态数码管显示电路，该电路各位可独立显示，只要在该位的段选线上保持段选码电平不变，该位就能保持相应的显示字符。由于各位分别由一个 8 位输出端口控制段选码，故在同一时间里，每一位显示的字符可以各不相同。这种显示方式编程容易且管理简单，不足的是占用 I/O 的线资源较多。比如在一个电子时钟里至少应该包含时、分、秒这 3 个单位，每个单位将会有两个七段数码管。如果采用单片机或 CPLD/FPGA 来控制，势必存在浪费 I/O 端口资源的问题。

当多位数码管应用于某一系统时，它们的“位选”端口可以独立控制，而“段选”端口是并联在一起的，则可以通过位选信号控制具体哪几个数码管亮，而在同一时刻，位选通的几个数码管上显示的数字始终保持不变，这就是多位数码管的静态显示原理。

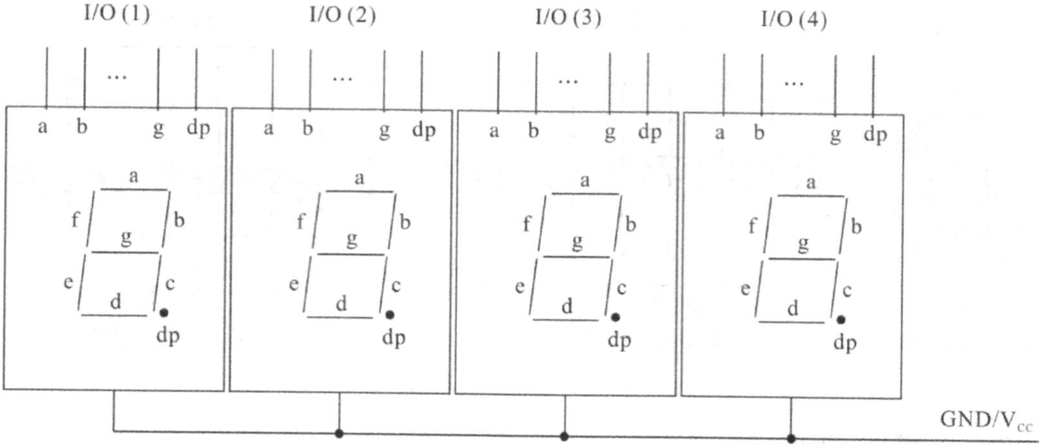

图 8-5　4 位静态数码管显示电路

4. 多位数码管动态显示原理

在多位数码管显示时，为了简化硬件电路，通常将所有位的段选线相应地并联在一起，由一个 8 位 I/O 端口实现控制，形成段选线的多路复用。而各位的共阳极或共阴极分别由相应的 I/O 端口线控制，实现各位的分时选通。图 8-6 所示为一个 4 位动态数码管显示电路。

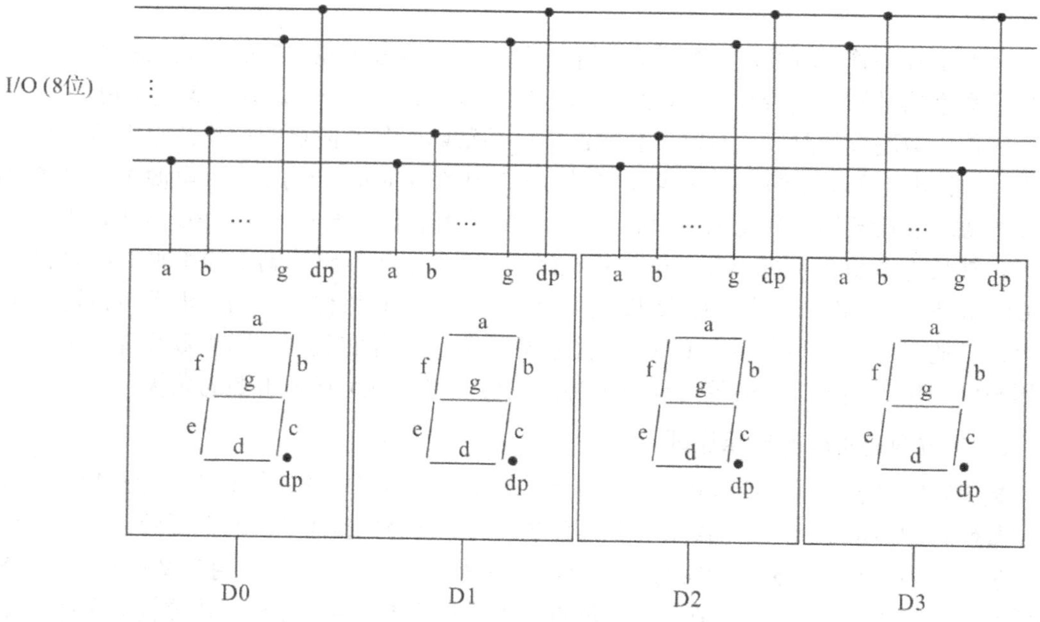

图 8-6　4 位动态数码管显示电路

动态显示 1～8　　动态显示 12　　区别　　连接方式和段码值　　多位控制

其中段选线占用一个 8 位 I/O 端口，位选线占用一个 4 位 I/O 端口。由于各位数码管的段选线并联，段选码的输出对各位数码管来说都是相同的，因此，同一时刻，如果各位数码管位选线都处于选通状态，则 4 位都显示相同的字符。若要各位数码管能够显示出与本位相应的显示字符，就必须采用扫描显示方式，即在某一时刻，只让某一位数码管的位选线处于选通状态，而其他各位数码管的位选线处于关闭状态；同时，段选线上输出相应位要显示字符的字形码，这样同一时刻 4 位数码管中只有选通的那一位数码管显示出字符，而其他 3 位数码管则是熄灭的。同样，在下一个时刻，只让下一位数码管的位选线处于选通状态，而其他各位数码管的位选线处于关闭状态；同时，在段选线上输出相应位数码管将要显示字符的字形码，则同一时刻，只有选通位显示出相应的字符，而其他各位数码管则是熄灭的。如此循环下去，就可以使各位数码管显示出将要显示的字符。虽然这些字符是在不同时刻出现的，而同一时刻只有一位数码管显示，其他各位数码管熄灭，但由于人眼有视觉暂留现象，只要每位数码管显示间隔足够短，就可造成多位同时亮的假象，达到显示的目的。

动态显示的特点是将所有位数码管的段选线并联在一起，由位选线控制是哪一位数码管有效，选亮数码管采用动态扫描显示。所谓动态扫描显示即轮流向各位数码管送出字形码和相应的位选，利用发光管的余辉和人眼视觉暂留作用，使人眼感觉好像各位数码管同时都在显示。动态显示的亮度比静态显示要差一些，所以在选择限流电阻时阻值应略小于静态显示电路中的电阻。

5. 一维数组的定义和应用

1) 一维数组的格式

类型阐明符　数组名[常量表达式];

其中：类型阐明符是任一种基本数据类型或布局数据类型，表示数组元素的类型；数组名是用户的数组标识符；方括号中的常量表达式表明数据元素的个数，也称为数组的长度。

例如：

```
int a[10];              //整型数组 a，有 10 个元素
float b[10],c[20];      //浮点型数组 b，有 10 个元素，浮点型数组 c，有 20 个元素
char ch[20];            //字符数组 ch，有 20 个元素
```

2) 数组应用注意事项

(1) 数组的类型实际上是指数组元素的取值类型，同数组中所有元素的数据类型必须是一样的。

(2) 数组名的书写规则应符合标识符的书写规则，数组名不能与其他变量名相同。

例如：

```
main()
{
  int a;
  float a[10];
  …
}
```

以上程序中变量和数组 a 重名，是错误的。

(3) 方括号中常量表达式表明数组元素的个数，如 a[5]表明数组 a 有 5 个元素。其下标从 0 开始，因而 5 个元素分别为 a[0]，a[1]，a[2]，a[3]，a[4]。

(4) 不能在方括号中用变量来表明元素的个数，但可以是符号常数或常量表达式。

例如：

```
#define FD 5
main()
{
  int a[3+2],b[7+FD];
  …
}
```

以上程序是合法的，可是下面程序则是错的。

```
main()
{
  int n=5;
  int a[n];
  …
}
```

(5) 可以在同一个类型中，定义多个数组和多个变量。

例如：

```
int a,b,c,d,k1[10],k2[20];
```

3) 一维数组元素的引用

数组元素是组成数组的基本单元。数组元素也是一种变量，其标识办法为数组名后跟一个下标。下标表明元素在数组中的次序号。

数组元素的引用办法为：

数组名[下标]

其下标只能为整型常量或整型表达式。如为小数时，C 语言编译器将主动取整。例如：a[5]、a[i+j]、a[i++]都是合法的数组元素。

数组元素一般也称为下标变量。必须先定义数组，才能引用下标变量。在 C 语言中只能逐一地引用下标变量，而不能一次引用整个数组。例如，输出有 10 个元素的数组，必须运用循环句子逐一输出各下标变量：

```
for(i=0; i<10; i++)
printf("%d",a[i]);
```

而不能用一个语句输出整个数组。

6. 实验箱数码管硬件结构

实验箱数码管显示模块电路原理图如图 8-7 所示，八段数码管“段选”为并联结构，a、b、c、d、e、f、g、h 八段 LED 通过三极管导通为共阳极结构，但是因为在输入端又经过了一个反相器 ULN2803，所以八段数码管变成共阴极输入，在程序中需要采用共阴极段码值输入。“位选”通过三极管的 +5 V 电压导通才可选通某个数码管，所以为高电平信号选通。

实验箱数码管显示模块硬件如图 8-8 所示。

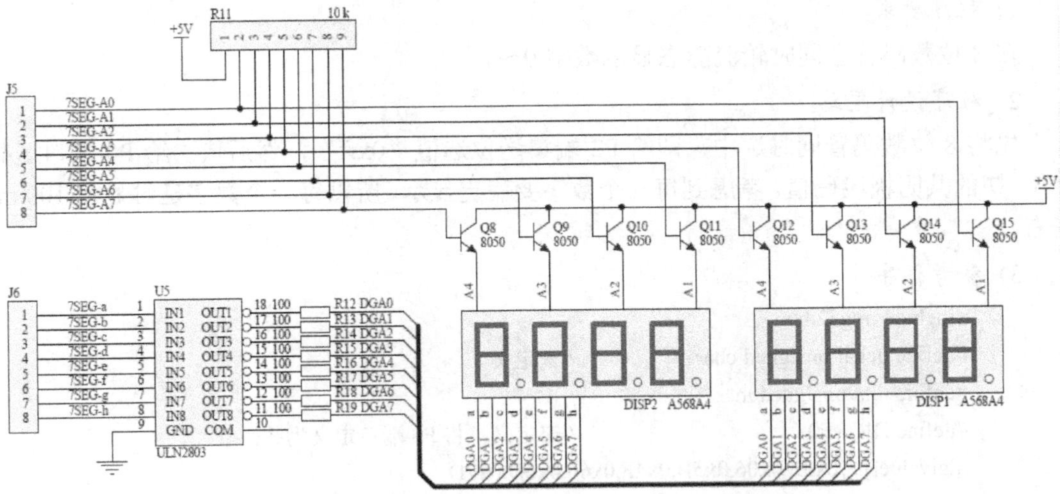

图 8-7　数码管显示模块电路原理图

图 8-8　实验箱数码管的显示模块

7. 程序设计 1

1) 程序要求

在某一位数码管上静态显示数字“1”。

2) 程序设计思路

先选中 8 位数码管的最末位，即给 P2 端口传送位选值，再给 P0 端口传送数字“1”的共阴极段码值。所以 P2 端口连接数码管的位选插针，P0 端口连接数码管的段选插针。

3) 参考程序

```
#include<reg52.h>
main()                    //主函数
{
    while(1)
    {
        P2=0x01;    //位选，高电平有效
        P0=0x06;    //数字“1”的段码，因为是共阳极，但又加了反相器，所以是共阴极段码
    }
}
```

8. 程序设计 2

1) 程序要求

在 8 位数码管上同时轮流静态显示数字 0～7。

2) 程序设计思路

先将 8 位数码管同时选中，即给 P2 端口送位选值“0xff”，然后依次给 P0 端口送数字 1～7 的共阴极段码值。考虑到每一个数字要稳定显示，所以每一个数字延时显示 100 ms 左右。

3) 参考程序

```
#include<reg52.h>
#define uchar unsigned char                 //宏定义
#define uint unsigned int
#define DIGI P0                             //宏定义，将 P0 端口定义为数码管
digivalue[]={0x3F,0x06,0x5B,0x4F,0x66,0x6D,0x7D,
             0x07};                         //依次为 0～7 数字的共阴极段码数组
void delay()                                //延迟函数，决定数码管跳变的间隔时间
{
     for(i=x;i>0;i--)
          for(i=115;i>0;i--);
}
void main()                                 //主函数
{
     uchar i=0;
     while(1)
     {
          P2=0xff;                          //位选，高电平有效
          for(i=0;i<8;i++)                  //8 个数字依次轮流显示
          {
               DIGI=digivalue[i];           //数字“i”的段码值送 P0 端口
               delay(100);                  //延迟函数，这里延时约为 100 ms
          }
     }
}
```

60 s 倒计时

9. 程序设计 3

1) 程序要求

在 8 位数码管上动态显示 99 s 倒计时。

2) 程序设计思路

先将 8 位数码管选中最末位，即给 P2 端口送位选值“0x01”，然后给 P3 端口送段码值“0x00”用于消影，即什么都不显示，全黑。然后把要显示的个位数字分离出来送给 P3 端口显示，延时约 1 ms，这个时间要求很短，不超过人眼的暂留时间(62 ms 左右)。

然后选中八位数码管倒数第二位，即给 P2 端口送位选值“0x02”，然后给 P3 端口送段码值“0x00”用于消影。然后把要显示的十位数字分离出来送给 P3 端口显示，延时约 1 ms。

虽然程序是按时间的先后顺序依次显示个位和十位，但是因为这个时间很短，不超过人眼视觉暂留时间，所以人眼感受到的图像是同时显示，这也即是动态显示的原理。

3) 参考程序

```
#include<reg52.h>
#define uint unsigned int
shuma[]={0x3F,0x06,0x5B,0x4F,0x66,0x6D,0x7D,
0x07,0x7f,0x6f};                 //定义数字0～9的共阴极段码值的数组
void delay(uint x)               //定义一个带参数的延时子函数
{
    uint i,j;
    for(i=0;i<x;i++)
    for(j=0;j<100;j++);
}
void main()
{
   while(1)
   {
      uint a,b,c,k;
      for(a=99;a>0;a--)          //定义一个外循环 99 到 0 变化的变量用于 99 s 倒计时显示
      {
        for(k=0;k<150;k++)       //定义一个内循环 150 遍的稳定显示
                                 //即每个数字稳定显示一小段时间
        {
              P2=0x01;           //位选个位
              P3=0x00;           //消影
              b=a%10;            //分离个位数字
              P3=shuma[b];       //将个位数字的相应段码值引用过来，即显示个位数字
              delay(1);          //延时约 1 ms，这个时间要求很短，不超过人眼的暂留时间
              P2=0x02;           //位选十位
              P3=0x00;           //消影
              c=a/10;            //分离十位数字
              P3=shuma[c];       //显示十位数字
              delay(1);          //延时约 1 ms
        }
      }
   }
}
```

4) 动态扫描显示注意事项

(1) 点亮数码管时要让数码管得到最大的顺向电流，通常一段数码管需要 10 mA

电流。在做 4 位的扫描时，每一段数码管的平均电流只有电流最大值的 1/4，因此扫描时要得到适当的亮度，最好要有 30 mA 以上的瞬间电流，即限流电阻取值范围为(20～100) Ω。

(2) 在切换至下一位显示时，应把上一位关闭一段时间(约 50 μs)，即消影，再将下一位扫描信号送出，以免上一位的显示数字在下一位显示数字上出现残影，即避免“乱影”的产生。

(3) 扫描频率必须高于视觉暂留频率 16 Hz 以上(即 62 ms 以上)。

10. 评价参考表

单片机控制数码管显示项目的考核评价参考表如表 8-1 所示。

表 8-1 单片机控制数码管显示项目的考核评价参考表

班级：	姓名：	得分：				
评价要素	评价标准	评价依据	评价方式			合计
			个人 20%	小组 20%	老师 60%	
知识 30 分	(1) 掌握数码管的共阴极和共阳极结构 (2) 掌握数码管共阴极和共阳极段码值的计算 (3) 掌握实验箱数码管静态和动态显示原理 (4) 掌握一维数组的定义与应用 (5) 掌握多位数码管的动态显示程序设计原理	(1) 学生回答老师提问、作业或卷面考核 (2) 小组总结				
技能 50 分	(1) 会用 1 位数码管静态显示数字“1” (2) 会用 1 位数码管静态显示 9 s 倒计时 (3) 会用 8 位数码管同时依次静态显示数字“0～7” (4) 会用 8 位数码管动态显示数字“1～8” (5) 会用 8 位数码管动态显示 99 s 倒计时 (6) 能在老师指导下正确调试程序的错误 (7) 会用下载软件下载程序到单片机芯片中去 (8) 会在老师指导下联合调试软、硬件错误并显示出程序最终效果 (9) 会描述程序语句的含义	(1) 操作规范 (2) 逻辑清晰 (3) 表达清楚 (4) 在老师指导下能完成程序故障诊断与调试				
素养 20 分	(1) 能在工作中自觉地执行 6 S 现场管理规范，遵守纪律，服从管理 (2) 能积极主动地按时完成学习及工作任务 (3) 能规范操作 (4) 有条不紊，逻辑性强 (5) 能在学习中与其他学员团结协作	(1) 考勤 (2) 动作规范 (3) 思路清晰 (4) 6S 现场管理规范				
总　评						

知 识 拓 展

1. 例程 1

在 1 位数码管上依次显示数字 1～8，参考程序如下：

```
#include<reg52.h>                        //加载 52 系列单片机头文件
#define uint unsigned int                //宏定义，将无符号整型定义为 uint 字符
#define uchar unsigned char              //宏定义，将无符号字符型定义为 uchar 字符
#define DIGI P0                          //宏定义，将 P0 口定义为数码管段选
duanma[]={0x06,0x5B,0x4F,0x66,
        0x6D,0x7D,0x07,0x7f};            //数码管共阴极段码，依次为数字 1～8
void delay(uint x)                       //延时子函数
{
        uint i,j;
        for(i=x;i>0;i--)
            for(j=110;j>0;j--);
}
void main()                              //主函数
{
   uchar i=0;
   while(1)
   {
        for(i=0;i<8;i++)                 //8 个数码管轮流显示
        {
           P2=0X01;                      //选择第 1 个数码管
           DIGI=shuma[i];                //在 1 位数码管上依次显示相应的数字 1～8。
           delay(500);
        }
   }
}
```

显示数字 1

显示数字 1～8

2. 例程 2

在 8 位数码管上依次显示 9 s 倒计时，参考程序如下：

```
#include<reg52.h>
#define uint unsigned int
void delay()
{
    uint i,j;
    for(i=1000;i>0;i--)
    for(j=110;j>0;j--);
}
```

```
void main()
{
  while(1)
  {
    P1=0xaa;            //位选
    P0=0x00;            //消影
    P0=0x6f;            //数字 9 的共阴极段码值
    delay();            //延时显示
    P0=0x00;            //消影
    P0=0x7f;            //数字 8 的共阴极段码值
    delay();            //延时显示
    P0=0x00;            //消影
    P0=0x07;            //数字 7 的共阴极段码值
    delay();            //延时显示
    P0=0x00;            //消影
    P0=0x7d;            //数字 6 的共阴极段码值
    delay();            //延时显示
    P0=0x00;            //消影
    P0=0x6d;            //数字 5 的共阴极段码值
    delay();            //延时显示
    P0=0x00;            //消影
    P0=0x66;            //数字 4 的共阴极段码值
    delay();            //延时显示
    P0=0x00;            //消影
    P0=0x4f;            //数字 3 的共阴极段码值
    delay();            //延时显示
    P0=0x00;            //消影
    P0=0x5b;            //数字 2 的共阴极段码值
    delay();            //延时显示
    P0=0x00;            //消影
    P0=0x06;            //数字 1 的共阴极段码值
    delay();            //延时显示
    P0=0x00;            //消影
    P0=0x3f;            //数字 0 的共阴极段码值
    delay();            //延时显示
  }
}
```

3. 例程 3

在 8 位数码管最末位上依次显示 9 s 倒计时，参考程序如下：

```
#include<reg52.h>
shuzu[]={0x6f,0x7f,0x07,0x7d,0x6d,0x66,0x4f,0x5b,0x06,0x3f};
void delay()
```

```
{
    int i,j;
    for(i=1000;i>0;i--)
    for(j=110;j>0;j--);
}
void main()
{
  while(1)
  {
     int k;
     P2=0x01;
     for(k=0;k<10;k++)
     {
        P0=shuzu[k];
        delay();
     }
  }
}
```

4. 例程 4

在 8 位数码管相应位上动态依次显示相应数字，即 1 位显示 1，2 位显示 2，8 位显示 8，参考程序如下：

```
#include<reg52.h>
#define uchar unsigned char              //宏定义
#define uint unsigned int
#define DIGI P0                          //宏定义，将 P0 端口定义为数码管段码值输入端口
#define SELECT P2                        //宏定义，将 P2 定义为数码管位选端口
uchar digivalue[]={0x06,0x5B,0x4F,0x66,0x6D,0x7D,0x07,0x80};
                                         //显示的数字数组，依次为 1～8
uchar select[]={0x01,0x02,0x04,0x08,0x10,0x20,0x40,0x80};   //选择数码管数组
                                         //依次选择第 1～8 位
void delay()                             //延迟函数，决定数码管跳变的间隔时间
{
    uchar ii=200;                        //若发现数码管闪烁，调节这里的数字大小即可
    while(ii--);
}
main() //主函数
{
    uchar i=0;
    while(1)
    {
        for(i=0;i<8;i++)                 //8 个数码管轮流显示
```

```
            {
                SELECT=select[i];      //选择第 i 个数码管
                DIGI=digivalue[i];     //显示数字 i
                delay();
            }
        }
    }
```

5. 例程 5

在 8 位数码管最末三位上动态依次显示相应数字 999 s 倒计时参考程序如下：

```
#include<reg52.h>
#define uint unsigned int
shuma[]={0x3F,0x06,0x5B,0x4F,0x66,0x6D,0x7D,0x07,0x7f,0x6f};
                                    //定义数字 0～9 的共阴极段码值的数组
void delay(uint x)                  //定义一个带参数的延时子函数
{
    uint i,j;
    for(i=0;i<x;i++)
    for(j=0;j<100;j++);
}
void main()
{
    while(1)
    {
        uint a,b,c,k,i;
        for(i=999;i>0;i--)          //定义一个外循环 999 到 0 变化的变量
        {
            for(k=0;k<400;k++)//定义一个内循环 400 遍的稳定显示
            {
                P2=0x01;        //位选个位
                a=i%10;         //分离个位数字
                P0=shuma[a];    //将个位数字的相应段码值引用过来，即显示个位数字
                delay(1);       //延时约 1 ms，这个时间要求很短，不超过人眼的暂留时间
                P0=0x00;        //消影

                P2=0x02;        //位选十位
                b=i/10%10;          //分离十位数字
                P0=shuma[b];    //显示十位数字
                delay(1);       //延时约 1 ms
                P0=0x00;        //消影

                P2=0x04;        //位选百位
                c=i/100;        //分离百位数字
```

```
                P0=shuma[c];    //显示百位数字
                delay(1);       //延时约 1 ms
                P0=0x00;        //消影
            }
        }
    }
}
```

课 后 练 习

(1) 画出数码管共阴极结构图。
(2) 画出数码管共阳极结构图。
(3) 简述数码管静态控制原理。
(4) 编写数码管静态控制在 8 位数码管上同时显示数字 8 的程序。
(5) 编写数码管动态控制在 8 位数码管相应位上同时显示数字 1～8 的程序。

项目九　交通信号灯

项目目标

1. 知识目标

(1) 掌握交通信号灯的控制原理。

(2) 掌握中断的定义、中断处理过程的相关知识。

(3) 掌握中断允许寄存器 IE、中断优先级寄存器 IP 的设置。

(4) 掌握定时器/计数器控制寄存器 TCON、定时器/计数器工作方式寄存器 TMOD 的设置。

(5) 掌握定时器定时初值的计算。

(6) 掌握中断服务程序的写法。

2. 技能目标

(1) 会用中断方式控制一个 LED 灯以 1 s 亮灭闪烁。

(2) 会用位控制的方式控制交通灯。

(3) 会用中断的方式控制交通灯。

项目要求

(1) 用中断方式控制一个 LED 灯延时 1 s 闪烁。

(2) 用位控制方式实现东西和南北方向交通信号灯的有序执行。

(3) 用中断方式实现东西和南北方向交通信号灯的有序执行。

知识链接

十字路口车辆穿梭，行人熙攘，车行车道，人行人道，有条不紊，靠的就是交通信号灯的自动指挥系统来实现。根据实际车流量，通过 8051 芯片的端口设置红、绿、黄灯(如图 9-1 所示)点亮时间，实现三种颜色灯交替点亮以及紧急情况下的中断处理功能，以达到交通通畅，人流、车流和谐有序的目的。实验箱交通灯显示模块如图 9-2 所示。

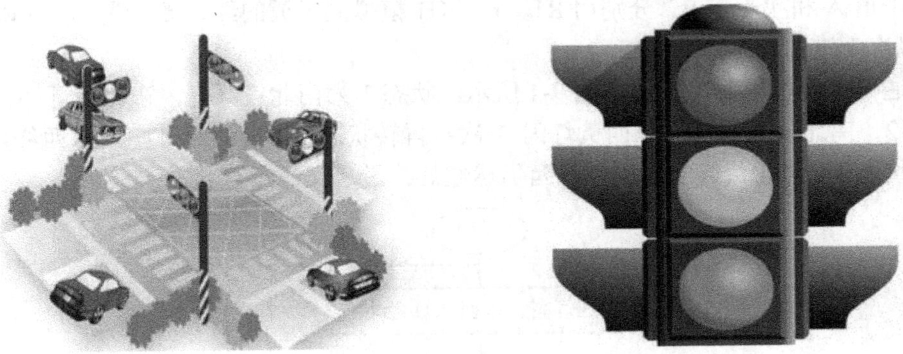

图 9-1　交通灯控制示意图

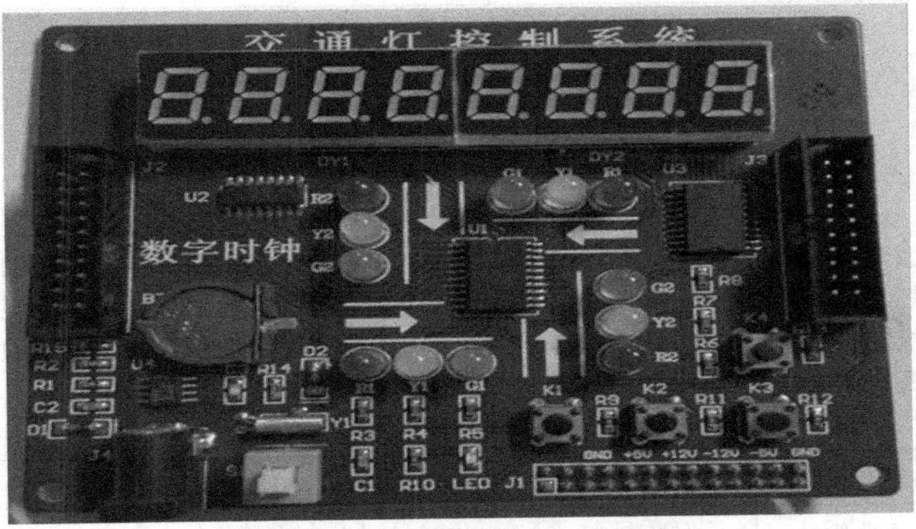

图 9-2　实验箱交通灯显示模块

1. 交通灯控制设计

如图 9-3 所示是交通信号灯的整体规划示意图。

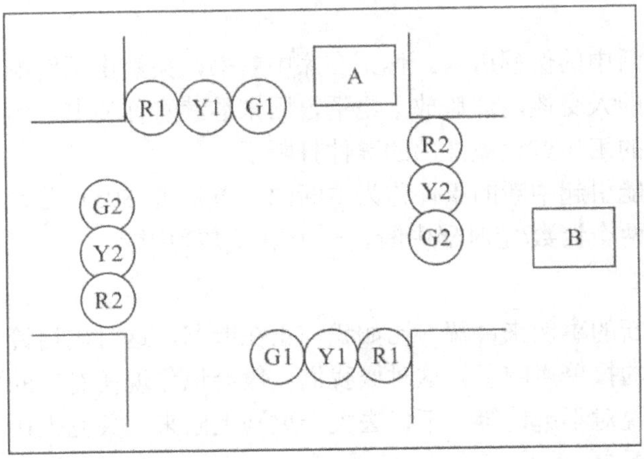

图 9-3　交通灯整体规划示意图

整体思路

程序设计

主干道 A 和次干道 B，分别用 R1、Y1、G1 模拟主干道的红、黄、绿灯，用 R2、Y2、G2 模拟次干道的红、黄、绿灯。

交通信号灯控制状态流程如图 9-4 所示。状态 1 为南北红灯亮，东西绿灯亮；过 20 s 转状态 2，南北仍然红灯，东西黄灯闪 3 次；再转状态 3，南北绿灯亮，东西红灯亮；过 20 s 转状态 4，南北黄灯闪 3 次，东西仍然红灯；最后又循环至状态 1。

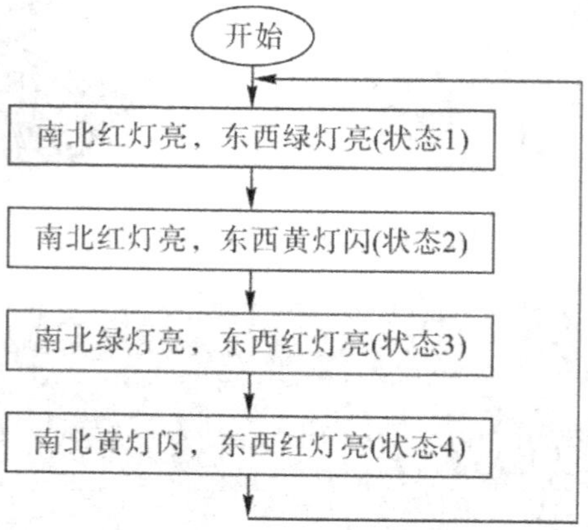

图 9-4　交通信号灯状态流程图

东西、南北两干道相交于一个十字路口，各干道各自有一组红、黄、绿三色的交通信号指示灯，指挥车辆和行人安全通行。红灯亮禁止通行；绿灯亮允许通行；黄灯亮提示车辆注意绿灯转到红灯的状态即将切换，给还未通行完的车辆几秒的缓冲时间。交通信号指示灯点亮的方案如表 9-1 所示。

表 9-1　交通信号指示灯亮暗方案

亮灯时间	20 s	6 s	20 s	6 s
南北车道	红灯亮	红灯亮	绿灯亮	黄灯闪
东西车道	绿灯亮	黄灯闪	红灯亮	红灯亮

2. 中断

1) 中断的概念

什么是中断，从一个生活中的例程引入。你正在家中看书，突然电话铃响了，你放下书本，去接电话，和来电话的人交谈，然后放下电话，回来继续看你的书。这就是生活中的“中断”现象，就是正常的工作过程被外部的事件打断了。

在单片机控制系统中把能引起中断的事件称为中断源。单片机 8051 芯片中一共有 5 个中断源：两个外部中断、两个计数/定时器中断、一个串行 I/O 中断。

2) 中断的处理过程

引用我们生活中发生中断的事例来讲解，比如我们正在看书，这时电话铃响了，正在接电话的时候，厨房的水开的报警声响了。这时候我们一般会记住现在看书的页数，去接电话，然后跟电话那边的人说对不起请等一下，去关个火马上回来，关完火接着把电话接完，再接着上次记下的页数看书。

对于单片机来说，中断是指 CPU 正在处理某一事件 A，发生了另一紧急事件 B，请求

CPU 去处理(中断发生)；CPU 暂时停止正在执行的事件 A(中断响应)并记下 A 事件已经处理到哪句指令了，把此指令的地址保存下来(现场保护)；然后去处理事件 B(中断服务)；CPU 处理完 B 事件后，回到事件 A 被中断的地方继续处理事件 A(中断返回)，这一过程称为中断处理，流程图如图 9-5 所示。

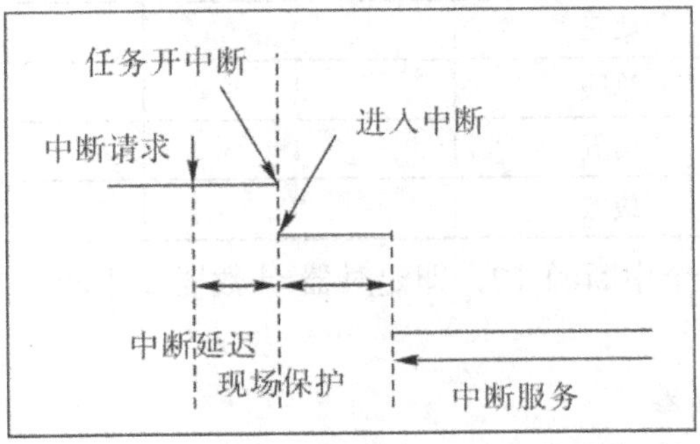

图 9-5 中断的处理过程

中断知识

3) 中断的响应条件

对于单片机响应中断我们感到很神奇，它是如何做到这点的呢？人能响应外界的事件，是因为人有多种“传感器”——眼、耳能接受不一样的信息。单片机 CPU 工作时会在每个机器周期中都会去查询一下各个中断标记，看它们是否是“1”，如果是“1”，则就说明有中断请求了，所谓中断，其实就是查询，不过是每个周期都查询一下而已。

中断的开启与关闭、设置启用哪一个中断源等都是由单片机内部的一些特殊寄存器的值来决定的，包括中断允许寄存器 IE、中断优先级寄存器 IP 等，具体在后面章节学习。

首先来看一下中断的响应条件，如表 9-2 所示。

表 9-2 中断的响应条件

中 断 源	中断的响应条件
INT0：外部中断 0	由 P3.2 端口线引入，低电平或下降沿引起
INT1：外部中断 1	由 P3.3 端口线引入，低电平或下降沿引起
T0：定时器/计数器 0 中断	由 T0 计满回零引起
T1：定时器/计数器 1 中断	由 T1 计满回零引起
TI/RI：串行 I/O 中断	串行端口完成一帧字符发送 / 接收后引起

4) 中断的嵌套和优先级处理

设想一下，你正在看书，电话铃响了，同时又有人按了门铃，你该先做哪件事呢？如果你正在等一个很重要的电话，你一般不会去理会门铃的；而反之，你正在等一个重要的客人，则可能就不会去理会电话了；如果不是这两者，你可能会按你平常的习惯去处理。总之这里存在一个优先级的问题。

单片机中也是如此，也有优先级的问题。优先级的问题不仅仅发生在两个中断同时产生的情况，也发生在一个中断已产生，又有一个中断产生的情况。单片机的优先级系统已经给了明确规定，具体如表 9-3 所示。

表 9-3　单片机的中断优先级

中断源	中断级别(默认)	序号(C 语言)	入口地址(汇编语言用)
INT0：外部中断 0	最高	0	0003H
T0：定时器/计数器 0 中断	第二	1	000BH
INT1：外部中断 1	第三	2	0013H
T1：定时器/计数器 1 中断	第四	3	001BH
TI/RI：串行 I/O 中断	第五	4	0023H
T2：定时器/计数器 2 中断	最低	5	002BH

以上中断源中，发现多了一个中断源 T2，即定时器/计数器 2 中断，这个中断源是 52 单片机特有的。

5) 设置中断相关的特殊寄存器

中断系统有两个控制寄存器 IE 和 IP，它们分别用来设置各个中断源的打开、关闭和中断优先级。此外，在 TCON 中另有 4 位用于选择引起外部中断的条件并作为标志位。中断允许寄存器 IE 位格式如表 9-4 所示。

表 9-4　中断允许寄存器 IE 位格式

位序号	D7	D6	D5	D4	D3	D2	D1	D0
位符号	EA	—	ET2	ES	ET1	EX1	ET0	EX0
位地址	AFH	—	ADH	ACH	ABH	AAH	A9H	A8H

备注：

EA：全局中断允许位。

EA = 0，关闭全部中断。

EA = 1，打开全局中断控制，在此条件下由各个中断控制位确定相应中断的打开或关闭。

—：无效位。

ES：串行 I/O 中断允许位。

ES = 1，打开串行 I/O 中断。

ES = 0，关闭串行 I/O 中断。

ET1；定时器/计数器 1 中断允许位。

ET1 = 1，打开 T1 中断。

ET1 = 0，关闭 T1 中断。

EX1：外部中断 1 中断允许位。

EX1 = 1，打开 INT1。

EX1 = 0，关闭 INT1。

ET0：定时器/计数器 0 中断允许位。

ET0 = 1，打开 T0 中断。

ET0 = 0，关闭 T0 中断。

EX0：外部中断 0 中断允许位。
EX0 = 1，打开 INT0。
EX0 = 0，关闭 INT0。

中断优先级寄存器 IP 在特殊功能寄存器中，字节地址为 B8H，位地址(由低位到高位)为 B8H～BFH，中断优先级寄存器 IP 用来设置各个中断源属于两级中断中的哪一级，位格式如表 9-5 所示。单片机复位的时候中断优先级寄存器 IP 全部被清零。

表 9-5　中断优先级寄存器 IP 位格式

位序号	D7	D6	D5	D4	D3	D2	D1	D0
位符号	—	—	—	PS	PT1	PX1	PT0	PX0
位地址	—	—	—	BCH	BBH	BAH	B9H	B8H

备注：
—：无效位。
PS：串行 I/O 中断优先级控制位。
PS = 1，高优先级。
PS = 0，低优先级。

PT1：定时器/计数器 1 中断优先级控制位。
PT1 = 1，高优先级。
PT1 = 0，低优先级。

PX1：外部中断 1 中断优先级控制位。
PX1 = 1，高优先级。
PX1 = 0，低优先级。

PT0：定时器/计数器 0 中断优先级控制位。
PT0 = 1，高优先级。
PT0 = 0，低优先级。

PX0：外部中断 0 中断优先级控制位。
PX0 = 1，高优先级。
PX0 = 0，低优先级。

在 MCS-51 单片机系列中，高级中断能够打断低级中断以形成中断嵌套；同级中断之间，或低级对高级中断则不能形成中断嵌套。若几个同级中断同时向 CPU 请求中断响应，在没有设置中断优先级的情况下，按照默认中断级别相应中断，在设置中断优先级后，则按照设置的顺序确定响应先后顺序。

3. 80C51 单片机定时器/计数器

1) 定时器/计数器结构原理图

51 系列单片机内部有两个 16 位可编程的定时器/计数器，即定时器 T0 和定时器 T1，要注意的是，51 系列单片机内部多了一个定时器 T2，它们既有定时功能也有计数功能，可以通过设置与定时器相关的特殊寄存器来控制定时器的运行和停止。定时器的优势在于定时器系统是单片机内部独立的一个硬件部分，它与 CPU 和晶振通过内部某些控制线相连，并且相互作用。CPU 开启定时器功能之后，定时器便可以在晶振的作用下自动计时，定时器的定时过程是独立运行的，当定时器所定的时间到达之后，就会产生中断，即通知 CPU 定时器所定的时间已到，CPU 就会处理相应的中断服务程序。

80C51 单片机内部有两个可编程的 16 位定时器 T0 和 T1。通过编程，可以设定为定时器和外部计数两种方式。T1 还可以作 80C51 单片机串行口的波特率发生器。定时器 T0 由特殊功能寄存器 TL0 和 TH0 构成，定时器 T1 由特殊功能寄存器 TL1 和 TH1 构成。特殊功能寄存器 TMOD 控制定时器的工作方式，TCON 控制其运行，TCON 还包含了定时器 T0 和 T1 的溢出标志。具体结构原理图如图 9-6 所示。

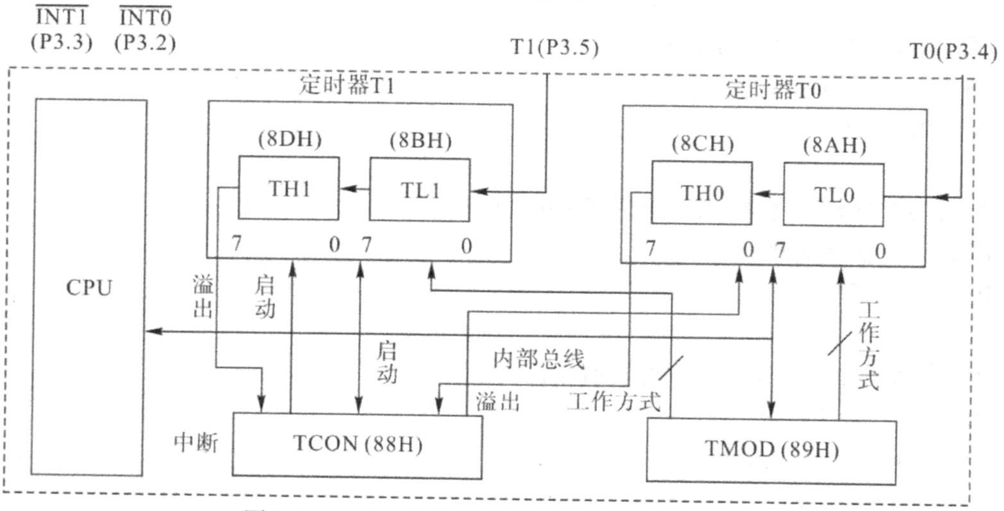

图 9-6　80C51 单片机定时器/计数器结构原理图

单片机在使用定时器/计数器的功能的时候，通常要设置两个与定时器/计数器有关的特殊寄存器：定时器/计数器工作方式寄存器 TMOD(位格式如表 9-6 所示)，定时器/计数器控制寄存器 TCON(位格式如表 9-7 所示)。

表 9-6　定时器/计数器工作方式寄存器 TMOD 位格式

位序号	D7	D6	D5	D4	D3	D2	D1	D0
位符号	GATE	C/$\overline{T}$	M1	M0	GATE	C/-T	M1	M0
—	高四位设置定时器 1				低四位设置定时器 0			

备注：

GATE：门控制位。

GATE = 0，定时器/计数器启动和停止仅受 TCON 寄存器中 TR1 和 TR0 控制。

GATE = 1，定时器/计数器启动和停止不仅受 TCON 寄存器中 TR1 和 TR0 控制，并且还受外部中断引脚(INT0 和 INT1) 上的电平状态控制。

C/$\overline{T}$：定时器模式和计数器模式选择位。

C/$\overline{T}$ = 1，选择计数器模式。

C/$\overline{T}$ = 0，选择定时器模式。

M1M0：工作方式选择位。

表 9-7 定时器/计数器控制寄存器 TCON 位格式

位	D7	D6	D5	D4	D3	D2	D1	D0
功能	TF1	TR1	TF0	TR0	—	—	—	—

备注：

TF1/TF0：T0(定时器 0)和 T1(定时器 1) 的溢出标志位，由硬件自动置位中断触发器 TF(1/0)，并且向 CPU 申请中断，如果使用中断方式，则 CPU 在响应中断并进入中断服务程序以后，TF(1/0) 会被硬件自动清 0；如果是用查询方式对 TF(1/0)进行查询，则在定时器/计数器回 0 以后，应该用软件清 0。

TR1/TR0：T1/T0 运行控制位，可用指令对 TR1 或者 TR0 置位或清 0，即可启动或者关闭 T1 或 T0 的运行。

2) 定时器/计数器工作方式的设置

每个定时器/计数器的都有 4 种工作方式，它们由 M1、M0 设置，具体如表 9-8 所示。

表 9-8 定时器/计数器 4 种工作方式

M1	M0	功 能 说 明
0	0	方式 0，13 位定时器/计数器
0	1	方式 1，16 位定时器/计数器
1	0	方式 2，常数自动装入的 8 位定时器/计数器
1	1	方式 3，仅用于 T0，分为两个 8 位定时器/计数器

定时器/计数器控制寄存器 TCON 是特殊功能寄存器中的一个，其高四位为定时器/计数器的运行控制位和溢出标志位，低四位与外部中断有关。详细说明见“知识拓展”。

3) 定时器初始值的计算

80C51 中 T1 和 T0 都是增量计数器，所以不能直接将实际要计数的值作为初始值存储于计数寄存器中，而是要将其补数存储于计数寄存器中。

工作方式 0：13 位定时/计数工作方式，其计数的最大值是 2^{13} = 8192，因此存入的初始值是 8192——待计数的值，因为这种工作方式只是用了定时/计数器的高 8 位和低 5 位，因此，计算出来的值要转化为十六进制分别送入高 8 位和低 5 位。

工作方式 1：16 位定时/计数工作方式，其计数最大值是 2^{16} = 65536，因此存入的初始值为 65536——待计数的值。

工作方式 2：8 位定时/计数工作方式，其计数最大值是 2^{8} = 256，因此，存入的初始值为 256——待计数的值。

工作方式 3：8 位定时/计数工作方式，其计数最大值是 2^{8} = 256，因此，存入的初始值为 256——待计数的值。

定时器的计数脉冲是由单片机的晶体振荡器产生的频率信号经过 12 分频得到的，因此定时器的定时时间跟晶振的震动频率有关，要计算定时的时间，就要先知道晶振的频率，现以 12 MHz 的晶振为例计算，其计数信号周期为：

$$计数信号周期 = \frac{12}{12\ \text{MHz}} = 1\ \mu\text{s}$$

也就是每来一个脉冲就过去 1 μs 的时间，因此，计数的次数为：

$$计数次数 = \frac{定时时间}{1\ \mu\text{s}}$$

算式中，定时时间的单位为 μs，假设要定时时间是 10 ms，则：

$$计数次数 = \frac{10\times1000\ \mu\text{s}}{1\ \mu\text{s}} = 10\ 000$$

如果选用定时器 0 为工作方式 1，则计数的初始值就应当为：

$$65\ 536 - 10\ 000 = 55\ 536$$

将 55 536 转化为十六进制数为 0xd8，0xf0，把 0xd8 存入 TH0，0xf0 存入 TL0，即可以完成 10 ms 的定时。

如果晶振的频率为 11.0592 MHz，那么定时 50 ms 的初始值应为 45 872，请自行计算一下。

4. 中断服务函数的定义

用 C 语言编写中断程序，需先在 main 函数中直接对各位进行操作，以确定中断优先级，然后开启中断允许及总中断允许，格式如下：

```
void 函数名() interrupt 中断号 using 工作组
{
  中断服务程序内容
}
```

中断函数不能返回任何值，所以前面用 void，后面紧跟函数名。函数名是可以随意取的，只要不和 C 语言的关键字相同就行了。中断函数不带任何参数，所以函数名后面的小括号里的内容为空。中断号是指单片机中不同中断源的序号，这个序号是编译器识别不同中断的符号，也就是说，编译器是根据这个中断号来辨别这个中断服务程序是哪个中断源的，因此这个中断号务必正确。最后面的“using 工作组”是指这个函数使用单片机内存中 4 组工作寄存器中的哪一组，C51 编译器在编译程序的时候会自动分配，因此，这个是可以忽略不写的。

5. 程序设计

1) 例程 1

用中断控制一个 LED 灯 1 s 亮，1 s 灭闪烁参考程序如下：

```
#include<reg52.h>
#define uint unsigned int
#define uchar unsigned char
sbit led1=P1^0;
void main()
```

```
{
  TMOD=0X01;                     //设置定时器 0 工作方式 1(M1M0=01)
  TH0=(65536-45872)/256;         //装初值 11.0592M 晶振定时 50 ms，初值为 45872
  TL0=(65536-45872)%256;
  EA=1;                          //开总中断
  ET0=1;                         //开定时器 0 中断
  TR0=1;                         //启动定时器 0
  while(1);                      //程序停止在这里等待中断请求
}
void T0_time() interrupt 1       //定时器 0 中断子函数
{
    TH0=(65536-45872)/256;           //重装初值
    TL0=(65536-45872)%256;
    num++;                       //num 每加一次就判断一次是否到了 20 次
    if(num==20)                  //如果到了 20 次，说明 1 s 时间到
    {
      num=0;                     //然然后把 num 清 0 重新再计 20 次
      led1=~led1;                      //让发光二极管状态取反
    }
}
```

2) 例程 2

用位控制的方式控制交通灯参考程序如下：

```
#include<reg52.h>
#define uint unsigned int
#define uchar unsigned char
uint a;
uint c,d;
uchar table[]={0xc0,0xf9,0xa4,0xb0,0x99,0x92,0x82,0xf8,0x80,0x90};
                                 //数字 0～9 的共阴极段码值
sbit NS_R=P1^0;                  //P1 口的第 1 位接南北向的红灯
sbit NS_Y=P1^1;                  //P1 口的第 2 位接南北向的黄灯
sbit NS_G=P1^2;                  //P1 口的第 3 位接南北向的绿灯
sbit WE_R=P1^5;                  //P1 口的第 6 位接东西向的红灯
sbit WE_Y=P1^6;                  //P1 口的第 7 位接东西向的黄灯
sbit WE_G=P1^7;                  //P1 口的第 8 位接东西向的绿灯
sbit du=P3^0;                    //P3 口的第 1 位接数码管的段选
sbit wu=P3^1;                    //P3 口的第 2 位接数码管的位选
uchar b,b1,b2;

void delay(uint x)               //带参数的延时子函数
{
      uint i,j;
      for(i=x;i>0;i--)
```

```
        for(j=110;j>0;j--);
    }

    void sjfl()                              //用于显示数据的十位和个位分离子函数
    {
        b1=b/10;
        b2=b%10;
    }

    void shumaguan()                         //数码管的显示子函数
    {
        P2=0x01;                             //选择倒数第 1 位的数码管
        P2=table[b1];                        //显示个位数字
        delay(5);                            //延时 5 ms
        P2=0x02;                             //选择倒数第 2 位的数码管
        P2=table[b2];                        //显示十位数字
        delay(5);
    }

    void xiaoying()                          //消影子函数，目的是让显示正确
    {
        P2=0x00;                             //数码管显示关
        P2=0xff;                             //数码管显示开
    }

    void jtdengshumaguan()                   //交通灯数码管显示
    {
        for(c=x;c>0;c--)                 //延时时间
        {
            b=c;                         //将 c 送给 b，也就是倒计时的数字显示用
            for(d=0;d<=500;d++)          //给数码管一段稳定的显示时间
            {
                shumaguan();             //调用数码管显示子函数
                sjfl();                  //调用数据分离子函数
            }
        }
    }

    void WEYSHAN()                           //东西向黄灯闪烁 3 次
    {
        for(a=0;a<6;a++)
        {
            WE_Y=0;
```

```
            delay(1000);
            WE_Y=1;
            delay(1000);
        }
}

void NSYSHAN()                              //南北向黄灯闪烁 3 次
{
    for(a=0;a<6;a++)
    {
        NS_Y=0;
        delay(1000);
        NS_Y=1;
        delay(1000);
    }
}

void main()
{
    xiaoying();
     while(1)
     {
            NS_R=WE_G=0;            //南北红灯亮，东西绿灯亮
            NS_G=WE_R=1;            //南北绿灯灭，东西红灯灭
            jtdengshumaguan(20);    //延时 20 s 并倒计时数码显示
            xiaoying();             //消影

            NS_R=0; WE_G=1;         //南北红灯亮，东西绿灯灭
            jtdengshumaguan(6);     //延时 6 s 并倒计时数码显示
            xiaoying();
            WEYSHAN();              //东西黄灯闪 6 s

            WE_G=1; NS_R=1          //南北红灯灭，东西绿灯灭
            NS_G=WE_R=0;            //南北绿灯亮，东西红灯亮
            jtdengshumaguan(20);    //延时 20 s 并倒计时数码显示
            xiaoying();

            NSYSHAN();              //南北黄灯闪
            WE_R=0; NS_G=1;         //东西红灯亮，南北绿灯灭
            jtdengshumaguan(6);     //延时 6 s 并倒计时数码显示
            xiaoying();
     }
 }
```

3) 例程 3

用中断的方式控制交通灯参考程序如下：

```
#include <reg52.h>
#define uint unsigned int
#define uchar unsigned char
sbit nbr=P1^0;                  //red       南北红
sbit nbg=P1^1;                  //green     南北绿
sbit nby=P1^2;                  //yellow    南北黄
sbit dxr=P1^3;                  //red       南北红
sbit dxg=P1^4;                  //green     南北绿
sbit dxy=P1^5;                  //yellow    南北黄
uint k,k1,n;
uchar table[]={0xc0,0xf9,0xa4,0xb0,0x99,0x92,0x82,0xf8,0x80,0x90};
                                //数字 0～9 的共阴极段码值

void shumaguam(uint x)
{
    x1=x/10;                    //分离出要显示的数据十位
    x2=x%10;                    //分离出要显示的数据个位
    P2=0x00;                    //数码管显示关
    P2=0xff;                    //数码管显示开
    P2=0x01;                    //选择倒数第 1 位的数码管
    P2=table[x1];               //显示个位数字
    P2=0x02;                    //选择倒数第 2 位的数码管
    P2=table[x2];               //显示十位数字
}

void init()                     //对定时器及中断寄存器做初始化设置
{
    TMOD=0x01;                  //设置定时器 0 为工作方式 1(M1M0=01)
    TH0=(65536-45872)/256;
    TL0=(65536-45872)%256;
    EA=1;
    ET0=1;
    TR0=1;                      // 启动 T0 定时器
}

void main()
{
    init();                     //启动中断服务程序
    while(1);                   //程序停止在这里等待中断的发生
    {
        nby=dxy=1;
```

```
        nbr=dxg=0;                    //南北红灯亮，东西绿灯亮
        nbg=1;                        //南北绿灯灭
        TR0=1;                        //启动定时
        while(k1<=20);                //定时 20 s 时间
        shumaguam(k1);                //数码管显示 20 s 倒计时
        k1=0;TR0=0;                   //让 k1=0，且关闭定时
        TR0=0;                        //关闭定时

        nbr=0; dxg=1;                 //南北红灯亮，东西绿灯灭
        TR0=1;                        //启动定时
        for(k=1;k<=6;k++)             //让东西黄灯状态取反 3 次的作用，即闪 6 s
        {
            dxy=~dxy;                 //黄灯状态取反
            while(k1<=1);             //程序停止这里等待，直到 k1=2，这时延时
                                      //刚好 1 s，不满足条件跳到下一句指令
            shumaguam(k);             //数码管显示 6 s 倒计时
            k1=0;                     //让 k1=0，好让下次再延时 1 s。
            shumaguam(k);             //起到数码管稳定显示的作用
        }
        TR0=0;                        //关闭定时
        dxy=nbr=1;nbg=dxr=0;          //南北红灯灭，南北绿灯亮，东西红灯亮
        TR0=1;                        //开定时
        while(k1<=20);                //延时 20 s
        shumaguam(k1);                //数码管显示定时倒计时
        k1=0;TR0=0;

        nbg=1; dxr=0; TR0=1;          //南北绿灯灭，东西红灯亮，开定时。
        for(k=1;k<=6;k++)             //让南北黄灯状态取反 3 次的作用，即闪 6 s
         {
              nby=~nby;               //南北黄灯状态取反一次
              while(k1<=1);           //程序停止这里等待，直到 k1=2，这时延时
                                      //刚好 1 s，不满足条件跳到下一句指令
              shumaguam(k);           //数码管显示 6 s 倒计时
              k1=0;                   //让 k1=0，好让下次再延时 1 s
              shumaguam(k);           //起到数码管稳定显示的作用
         }
         TR0=0;                       //关定时
    }
}
void T0_time() interrupt 1            //中断服务程序，延时 1 s
{
    TH0=(65536-45872)/256;
    TL0=(65536-45872)%256;
```

```
            n++;
            if(n==20)
            {
              n=0;
              k1++;
            }
      }
```

6. 评价参考表

单片机控制交通信号灯项目的考核评价参考表如表 9-9 所示。

表 9-9 单片机控制灯闪烁的考核评价参考表

<table>
<tr><td colspan="7">班级：　　　　　　　　　　　　姓名：　　　　　　　　　　　　得分：</td></tr>
<tr><td rowspan="2">评价要素</td><td rowspan="2">评价标准</td><td rowspan="2">评价依据</td><td colspan="3">评价方式</td><td rowspan="2">合计</td></tr>
<tr><td>个人
20%</td><td>小组
20%</td><td>老师
60%</td></tr>
<tr><td>知识
30 分</td><td>(1) 掌握交通灯的控制原理
(2) 掌握中断的定义、中断处理过程的相关知识
(3) 掌握中断允许寄存器 IE、中断优先级寄存器 IP 的设置
(4) 掌握定时器/计数器控制寄存器 TCON、定时器/计数器工作方式寄存器 TMOD 的设置
(5) 掌握定时器定时初值的计算
(6) 掌握中断服务程序的写法</td><td>(1) 学生回答老师提问、作业或卷面考核
(2) 小组总结</td><td></td><td></td><td></td><td></td></tr>
<tr><td>技能
50 分</td><td>(1) 会用中断控制一个 LED 灯以 1 s 亮灭闪烁
(2) 会用位控制的方式控制交通信号灯
(3) 会用中断的方式控制交通信号灯</td><td>(1) 操作规范
(2) 逻辑清晰
(3) 表达清楚
(4) 在老师指导下能完成程序故障诊断与调试</td><td></td><td></td><td></td><td></td></tr>
<tr><td>素养
20 分</td><td>(1) 能在工作中自觉地执行 6 s 现场管理规范，遵守纪律，服从管理
(2) 能积极主动地按时完成学习及工作任务
(3) 能规范操作
(4) 有条不紊，逻辑性强
(5) 能在学习中与其他学员团结协作</td><td>(1) 考勤
(2) 动作规范
(3) 思路清晰
(4) 6S 现象管理规范</td><td></td><td></td><td></td><td></td></tr>
<tr><td colspan="3">总　评</td><td colspan="4"></td></tr>
</table>

知 识 拓 展

定时/计数器的工作方式：

1) 工作方式 0

定时/计数器 0 的工作方式 0 等效电路如图 9-7 所示(定时器/计数器 1 与其完全一致)。工作方式 0 是 13 位计数结构的工作方式，其计数器由 TH0 的全部 8 位和 TL0 的低 5 位构成，TL 的高 3 位没有使用。当 $C/\overline{T} = 0$ 时，多路开关接通振荡脉冲的 12 分频输出信号，13 位计数器依次进行计数，这就是定时工作方式。当 $C/\overline{T} = 1$ 时，多路开关接通计数引脚 T0，外部计数脉冲由 P3.4 引脚输入。当计数脉冲发生负跳变时，计数器加 1，这就是计数工作方式。

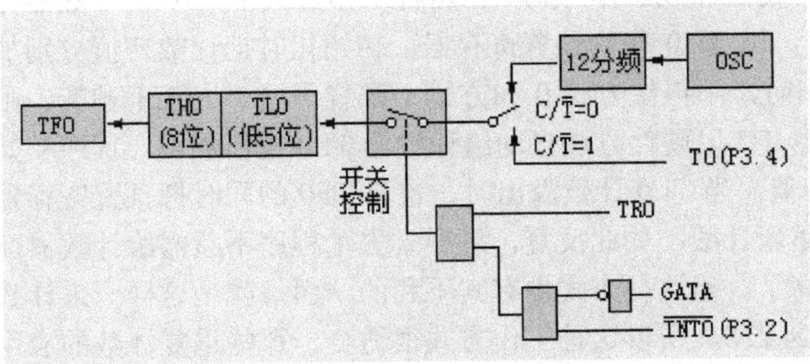

图 9-7 定时器/计数器 0 工作方式 0 电路图

定时方式 0　　定时方式 1

不管是哪种工作方式，当 TL0 的低 5 位溢出时，都会向 TH0 进位，而全部 13 位计数器溢出时，则会向计数器溢出标志位 TF0 进位。

下面讨论门控位 GATA 的功能，即 GATA 位的状态决定定时器运行控制取决于 TR0 的一个条件，还是 TR0 和 INT0 引脚这两个条件。当 GATA = 1 时，由于 GATA 信号封锁了与门，使引脚 INT0 信号无效。而这时候如果 TR0 = 1，则接通模拟开关，使计数器进行加法计数，即定时器/计数器工作；如果 TR0 = 0，则断开模拟开关，停止计数，定时器/计数器不能工作。

当 GATA = 0 时，与门的输出端由 TR0 和 INT0 电平的状态确定，此时如果 TR0 = 1，INT0 = 1，则与门输出为 1，允许定时器/计数器计数，在这种情况下，运行控制由 TR0 和 INT0 两个条件共同控制。TR0 是确定定时器/计数器的运行控制位，由软件置位或清 0。

如上所述，TF0 是定时器/计数器的溢出状态标志，溢出时由硬件置位。TF0 溢出中断被 CPU 响应后，转入中断时硬件清 0，TF0 也可由程序查询和清 0。

2) 工作方式 2

当 M1M0 = 10 时，定时器/计数器处于工作方式 2，此时定时器的等效电路如图 9-8 所示，这里还是以定时器/计数器 0 为例，定时器/计数器 1 与之完全一致。

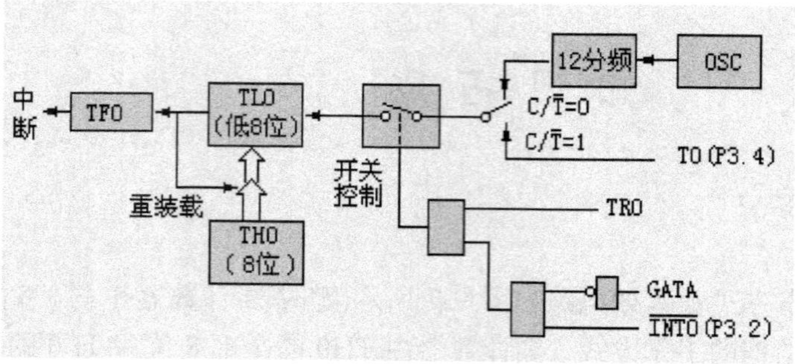

定时方式 2

图 9-8　定时器/计数器 0 工作方式 2 电路图

工作方式 0 和工作方式 1 的最大特点就是计数溢出后，计数器为全 0，因而循环定时或循环计数应用时就存在需要反复设置初值的问题，这给程序设计带来许多不便，同时也会影响计时精度。工作方式 2 就针对这个问题有所改进，它具有自动重装载功能，即自动加载计数初值，有的文献称之为自动重加载工作方式。在这种工作方式中，16 位计数器分为两部分，即以 TL0 作为计数器，以 TH0 作为预置寄存器。初始化时把计数初值分别加载至 TL0 和 TH0 中，当计数溢出时，不再像方式 0 和方式 1 那样需要“人工干预”，由软件重新赋值，而是由预置寄存器 TH 以硬件方法自动给计数器 TL0 重新加载。程序初始化时，给 TL0 和 TH0 同时赋以初值，当 TL0 计数溢出时，置位 TF0 的同时把预置寄存器 TH0 中的初值加载给 TL0，TL0 重新计数。如此反复，这样省去了程序不断需给计数器赋值的麻烦，而且计数准确度也提高了。但这种方式也有其不利的一面，就是这样一来计数结构只有 8 位，计数值最大只能到 255，所以这种工作方式很适合于那些重复计数的应用场合。例如可以通过这样的计数方式产生中断，从而产生一个固定频率的脉冲；也可以当作串行数据通信的波特率发生器使用。

3) 工作方式 3

当 M1M0 = 11 时，定时器/计数器处于工作方式 3，此时，定时器/计数器的等效电路如图 9-9 所示，仍以定时器/计数器 0 为例。值得注意的是，在工作方式 3 模式下，定时器/计数器 1 的工作方式与之不同，下面分别进行讨论。

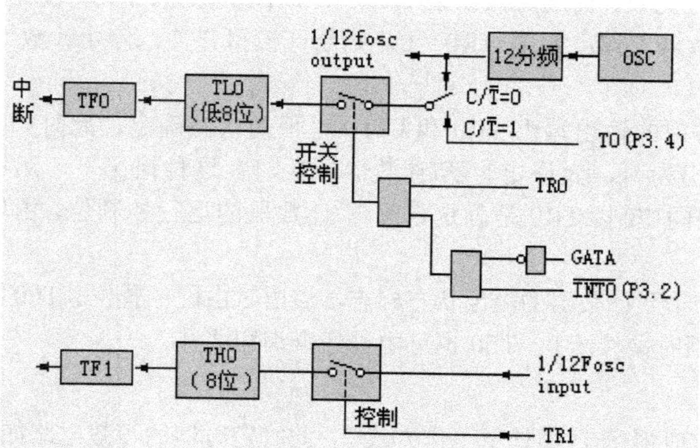

定时方式 3

图 9-9　定时器/计数器 0 工作方式 3

在工作方式 3 模式下，定时器/计数器 0 被拆成两个独立的 8 位计数器 TL0 和 TH0。其中 TL0 既可以作计数器使用，也可以作为定时器使用，定时器/计数器 0 的各控制位和引脚信号全归它使用。其功能和操作与方式 0 或方式 1 完全相同。TH0 就没有那么多“资源”可利用，只能作为简单的定时器使用，而且由于定时器/计数器 0 的控制位已被 TL0 占用，因此只能借用定时器/计数器 1 的控制位 TR1 和 TF1，也就是以计数溢出去置位 TF1，TR1 则负责控制 TH0 定时的启动和停止。由于 TL0 既能作定时器也能作计数器使用，而 TH0 只能作定时器使用而不能作计数器使用，因此在方式 3 模式下，定时器/计数器 0 可以构成二个定时器或者一个定时器和一个计数器。

如果定时器/计数器 0 工作于工作方式 3，那么定时器/计数器 1 的工作方式就不可避免受到一定的限制，因为它的一些控制位已被定时器/计数器借用，只能工作在方式 0、方式 1 或方式 2 下，等效电路如图 9-10 所示。

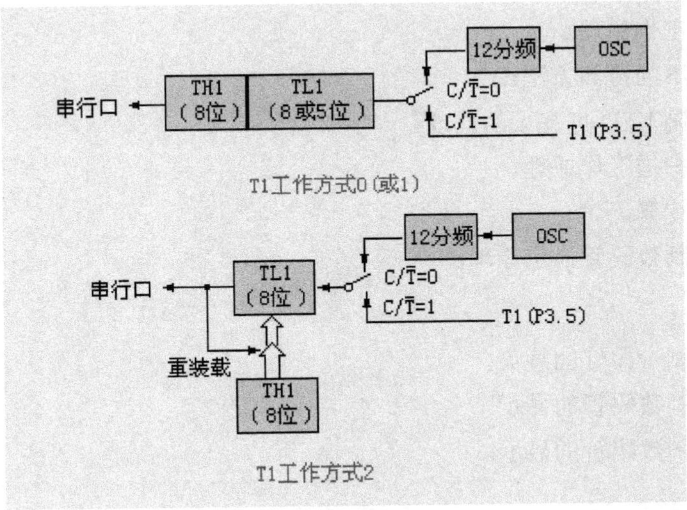

定时器和外部中断同时控制

图 9-10 定时器/计数器 1 工作方式 3

在这种情况下，定时器/计数器 1 通常只能作为串行口的波特率发生器使用，以确定串行通信的速率，因为已没有 TF1 被定时器/计数器 0 借用了，只能把计数溢出直接送给串行口。当作波特率发生器使用时，只需设置好工作方式，即可自动运行。如要停止它的工作，需送入一个把它设置为工作方式 3 的方式控制字即可，这是因为定时器/计数器 1 本身就不能工作在方式 3，如硬把它设置为方式 3，自然会停止工作。

课后练习

(1) 用文字简述交通信号灯控制过程。
(2) 画出交通信号灯控制流程图。
(3) 编写交通信号灯闪烁 3 次的子函数。
(4) 详细写出定时器/计数器定时 2 s 的初始值设置的计算过程。
(5) 编写用定时器中断方式实现定时 2 s 蜂鸣器间断性鸣叫的子函数。

项目十　按 键 控 制

项 目 目 标

1. 知识目标

(1) 掌握独立按键的工作原理。

(2) 掌握按键是否按下的检测方法。

(3) 掌握独立按键控制 LED 灯亮灭的原理。

(4) 掌握矩阵按键的扫描工作原理。

(5) 矩阵按键的键值计算。

(6) 掌握矩阵按键控制数码管显示原理。

2. 技能目标

(1) 会用独立按键控制一盏灯的亮灭。

(2) 会用独立按键控制数码管的显示。

(3) 会用矩阵按键控制数码管的显示。

项 目 要 求

用独立按键控制单片机点亮一盏灯和熄灭一盏灯；用 16 位矩阵按键显示相应键值。

知 识 链 接

1. 按键的应用

“按键”这个词在日常生活中应该算是比较常见或是常听到的一个词，例如：手机的按键如图 10-1(a)所示，电话的键盘如图 10-1(b)所示，以及银行 ATM 机上的按键等等。那我们平时在用手机的按键时想过没有，为什么我们在发短信时按下相应的按键就可以得到想要的文字和字符呢？在该项目中将深入了解按键的内部结构和它的检测原理，揭开按键检测的神秘面纱。

(a) 手机按键　　　　(b) 电话按键

图 10-1

如图 10-2 是实验箱的按键检测模块，它是采用的 4 × 4 的矩阵键盘模式，而且这个模块采用的是整体焊接方式。

图 10-2 实验箱按键矩阵模块

检测原理

控制灯的亮灭

2. 独立按键

独立按键的识别，也就是如何才能知道按键是否按下，可以通过单片机 I/O 口的状态来辨别。单片机的 I/O 口不仅有输出功能，而且还有输入功能，可以通过按键输出是否为高低电平来辨别按键是否按下。

单片机应用系统通常需要人机对话，例如对系统运行进行控制等等，这时候就需要键盘。单片机所用的键盘有全编码键盘和非编码键盘两种。全编码键盘具有硬件逻辑自动提供被按键的编码，通常还具有去抖动、多键识别等功能。靠软件编程来识别的键盘称为非编码键盘，在单片机组成的各种系统中，用得较多的是非编码键盘。非编码键盘又分为独立按键键盘和矩阵式键盘。

独立按键键盘实际上就是一组按键，独立按键分为弹性按键和自锁式按键两种。在电路中，通常用到的按键都是弹性开关，当开关闭合时，线路导通；开关断开时，线路断开。弹性按键如图 10-3(a)、(b)所示，按下时闭合，松手后自动断开。自锁式按键如图 10-3(c)所示，按下时闭合并且自动锁住，只有再次按下时才被弹起断开。自锁式按键一般当作开关使用，而控制按键的话用弹性按键比较好。实验箱独立按键模块原理图如图 10-4 所示。

(a) 弹性小按键　　(b) 弹性小按键　　(c) 自锁式按键

图 10-3　独立按键类型

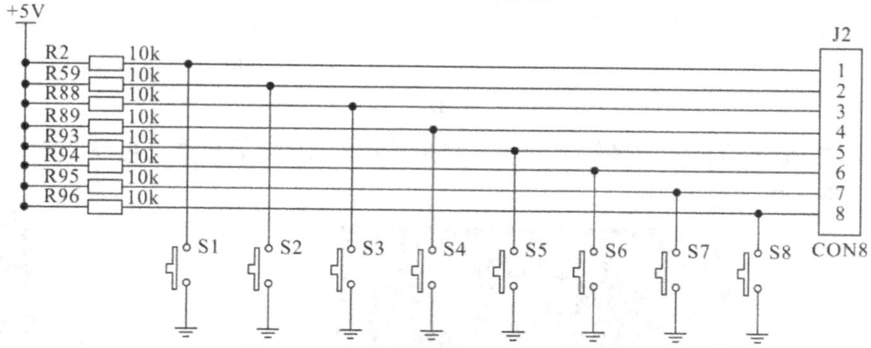

图 10-4　实验箱独立按键模块原理图

按键电路连接的方法很简单，如图 10-5 所示，按键的一端接地，另一端接单片机的 I/O 端口，当按键被按下时，单片机的 I/O 端口相当于接地，这时候就可以通过按键输出电平高低来判断按键是否按下。

按键输出信号理想波形与实际波形是有差别的，实际波形在按下和释放的瞬间都有抖动现象，抖动的波形如图 10-6 所示。波形和按键按下时间的长短与按键的机械特性有关，一般为 10 ms 左右，通常按下去到松开的时间大约为 20 ms，因此单片机在检测按键的时候，都要加上去抖操作，如不加去抖操作，则有可能单片机认为按键多次按下，将造成输入错误。去抖动有专门的去抖动电路芯片，但是通常用软件的方法轻松解决按键抖动的问题。

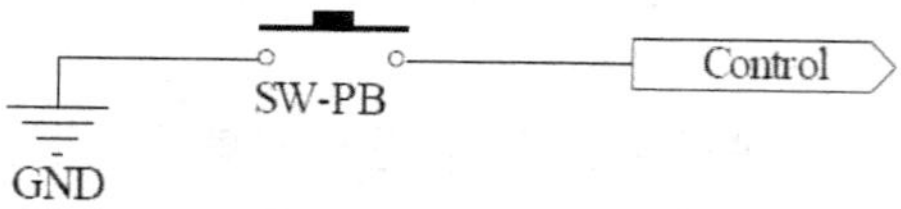

图 10-5　单片机上按键的电路图

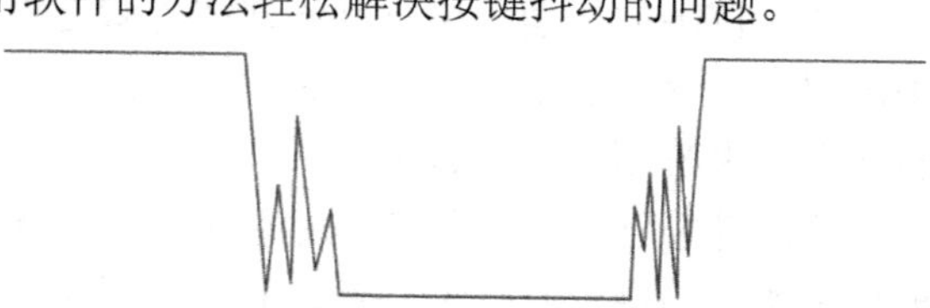

图 10-6　按键按下时电压波形图

3. 矩阵键盘

矩阵键盘上的输入值要在数码管上显示出来，首先要把数码管显示程序编写出来，接着需要编写键盘的扫描程序，要编写键盘的扫描程序，就得先明白矩阵键盘是怎么扫描的，原理是什么。

在知道是独立按键的前提下，只需要检查与之相连 I/O 端口状态，便可以知道按键是否按下。如果只需要一两个按键的话，独立按键足矣，但是如果超过 4 个以上，而且外部设备比较多的情况下，就必须要用到矩阵键盘了，这样可以节约大量的 I/O 端口。在此按键控制项目中要显示的数据有 9 个，而实验箱上的模块上是 4 × 4 的键盘，最多可以输入 16 个数据。而且模块上的独立按键也只有 8 个，所以必须使用 4 × 4 矩阵键盘。如图 10-7 所示是矩阵键盘的简化图。

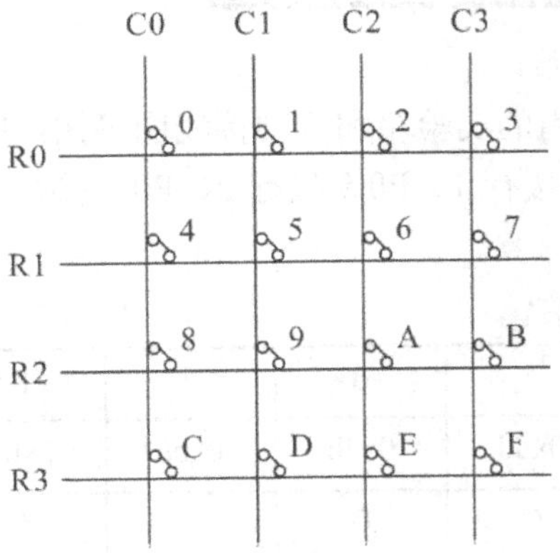

图 10-7　矩阵键盘的简化图

控制原理　　1 键按下并显示　　键码值的计算

无论是独立按键还是矩阵键盘，单片机检测其是否按下的依据都是一样的，也就是与该键对应的 I/O 端口是否为低电平。独立按键的一端接地固定为低电平，单片机编写程序比较方便。而矩阵键盘两端都与单片机 I/O 端口相连，因此在检测的时候，需要人为通过单片机的 I/O 端口送出低电平。检测时，先送 4 列高电平、4 行低电平，紧接着读入此时的 I/O 端口状态，如果这时某个按键被按下，那么这个按键所在的这一列就会变成低电平；紧接着，再送 4 列低电平，4 行高电平，因为扫描的速度很快，所以被按下的这个按键所在的这一行也会变成低电平，这时候，就会得到行、列两个数据；将这两个数据合并，就成了被按下按键所在的位置编码，然后根据这个编码就可以找出对应的键值，并送到数码管显示，这就是矩阵键盘的扫描原理。

4. 实验箱按键模块的硬件模块

实验箱按键模块的硬件模块原理图如图 10-8 所示。

本实验箱上 4 × 4 矩阵键盘的电路接口如图 10-9 所示。MK1 为键盘接口，ROW1~ROW4 为键盘的“行”接线，LINE1～LINE4 为键盘的“列”接线。

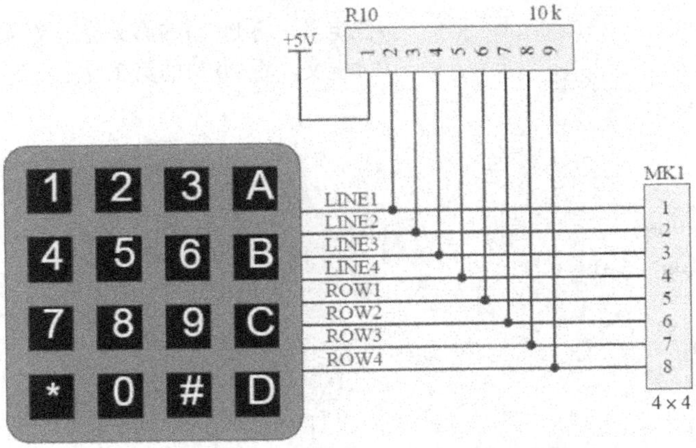

图 10-8　实验箱按键模块的硬件模块原理图

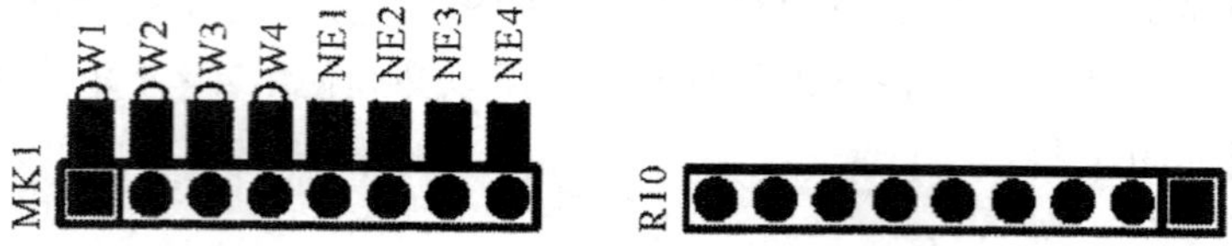

图 10-9　矩阵键盘的电路接口

矩阵键盘每个按键都会对应一个编码值，针对所用的实验箱和行列接线图可知：P0.0 接列 1、P0.1 接列 2、P0.2 接列 3、P0.3 接列 4、P0.4 接行 1、P0.5 接行 2、P0.6 接行 3、P0.7 接行 4。按键编码值如表 10-1 所示。

表 10-1　按键编码值

按键名称	1	2	3	4	5	6	7	8
编码	0xee	0xed	0xeb	0xde	0xdd	0xdb	0xbe	0xbd
按键名称	9	0	A	B	C	D	*	#
编码	0xbb	0x7d	0xe7	0xd7	0xb7	0x77	0x7e	0x7b

5. 程序设计 1

1) 程序要求

通过一个独立按键来控制 LED 灯的亮灭，当按键按下时 LED 灯的状态不变，当按键松开后 LED 灯的状态改变。

2) 程序设计思路

单片机 P0 端口的第二位连接一个独立按键，P0 口的第三位连接一个 LED 灯。通过程序来检测独立按键是否按下，如果按下则等待 10 ms，消除按键的机械抖动，再次检测按键是否按下，确定是一次按下后处理 LED 灯的状态。当按键松开后让 LED 灯的状态取反。

3) 参考程序

```
#include<reg52.h>                     //加载 52 系列单片机头文件
#define uint  unsigned int
unsigned int
#define uchar unsigned char
sbit sb1=P0^1;                        //位定义，将 P0 口的第 2 位定义为按键控制位
sbit led=P0^2;                        //位定义，将 P0 口的第 3 位定义为 LED 灯控制位
void delay(ui x)
{
  uint i,j;
  for(i=x;i>0;i--)
   for(j=110;j>0;j--);
}
void main()
{
    while(1)
    {
```

```
        if(sb1= =0)              //判断按键是否按下，为 0 表示按键按下
        {
            delay(10);           //延时 10 ms，为了去掉按键的机械抖动
            if(sb1= =0)          //再次判断按键是否按下
            {
              while(!sb1);       //等待直到按键松开，则执行下一句语句，//否则一直执行空语句
              led=!led;          //让 LED 灯的状态取反
            }
        }
      }
  }
```

6. 程序设计 2

1) 程序要求

通过 3 个独立按键来控制数码管的数字显示，显示范围为 0～99。按下按键 1，数码管数字加 1；按下按键 2，数码管数字减 1；按下按键 3，数码管数字归 0。

2) 程序设计思路

分别将单片机 P2 端口的第一位连接独立按键 1，将 P2 端口的第二位连接独立按键 2，将 P2 端口的第三位连接独立按键 3，ntime 变量用于计数。通过 P2^0 的信号判断按键是否按下，如果按下则 ntime 变量加 1，直到加到大于 99 时，则让其等于 99；通过 P2^1 的信号判断按键是否按下，如果按下则 ntime 变量减 1，直到小于 0 时，则让其等于 0；通过 P2^2 的信号判断按键是否按下，如果按下则 ntime 变量归 0；每次按下按键都会将 ntime 的值分离并在数码管上显示出来。

数码管的显示

3) 参考程序

```
#include<reg52.h>
#define uchar unsigned char
uchar    code shuma[]={0x3F,0x06,0x5B,0x4F,0x66,0x6D,0x7D,0x07,
                      0x7F,0x6F};         //定义数组，元素为 0～9 的共阴极段码
ucharcode ledw[]={0x01,0x02};             //定义数字显示的位
uchar utime[2];                           //定义一个有 2 个元素的数组
sbit key1=P2^0;                           //位定义，将 P2 端口的第 1 位定义为按键 1 控制位
sbit key2=P2^1;                           //位定义，将 P2 端口的第 2 位定义为按键 2 控制位
sbit key3=P2^2;                           //位定义，将 P2 端口的第 3 位定义为按键 3 控制位
void delay(uchar x)                       //延时子函数
{
    uchar i,j;
    for(i=x;i>0;i--)
    for(j=110;j>0;j--);
}
void main()
{
   uchar b,c，ctime,ntime;
```

```
P1=0xff;                    //P1 端口为显示位，首先全部位关断
while(1)
{
    ntime=0;                //将 ntime 变量置 0，ntime 用于计数
    {
        if(key1= =0)        //判按键 1 是否按下
        {
            delay(10);      //延时 10 ms
            if(key1= =0)    //再次判按键 1 是否按下
            {
               ntime++;     //确定按下，这时计数标志变量 ntime 加 1
               if(ntime>99)
               ntime=99;    //如果 ntime 大于 99，就让其等于 99
               while(!key1);  //判按键 1 是否松开，//如果没有松开就一直执行空语句等待
            }
        }
    }
    {
        if(key2==0)
        {
              delay(10);
              if(key2= =0)
              {
                 ntime--;       //确定按下，这时计数标志变量 ntime 减 1
                 if(ntime<0)
                 ntime=0;       //如果 ntime 小于 0，就让其等于 0
                 while(!key2);  //等待直到按键 2 松开
              }
        }
}
{
      if(key3= =0)
      {
       delay(10);
       if(key3= =0)
       {
         ntime=0;
         while(!key3);
       }
    }
}
utime[0]=ntime%10;      //分离出要显示的个位
utime[1]= ntime/10;     //分离出要显示的十位
```

```
    for(b=0;b<2;b++)            //分别处理要显示的两位数
    {
            P1=ledw[b];             //P1 端口为要显示的位
            P0=shuma[utime[b]];     //P0 端口为相应位上分离出的要显示的数字
            delay(10);              //延时 10 ms
    }
  }
}
```

7. 程序设计 3

1) 程序要求

通过按下矩阵按键来控制数码管显示相应的键值。

2) 程序设计思路

分别将单片机 P0.0 连矩阵键盘的列 1，P0.1 连矩阵键盘的列 2，P0.2 连矩阵键盘的列 3，P0.3 连矩阵键盘的列 4，P0.4 连矩阵键盘的行 1，P0.5 连矩阵键盘的行 2，P0.6 连矩阵键盘的行 3，P0.7 连矩阵键盘的行 4。

3) 参考程序

```
#include<reg52.h>
#define uchar unsigned char
#define uint unsigned int
uchar code
jz[15]={0x3f,0x06,0x5b,0x4f,0x66,0x6d,0x7d,0x07,0x7f,0x6f,0xdc,0x7c,0x58,0x5e,0x40};
                                //定义数组元素依次为按钮 0～9、A、B、C、D、*、#的共阴
                                  极段码
uchar a=10,b=11,c=12,d=13;      //定义变量
void xy()                       //消影子函数
{
   P2=0x00;
}
void xs(uchar x)                //显示子函数
{
   P2=jz[x];                    //将按键的返回值送数组 jz 作为下标，然后显示相应值
}
void juzhen()                   //矩阵键盘子函数
{
   uchar e,f;
   P0=0xfe;                     //P0 端口为矩阵键盘的行列控制，人为给 P0 口送 0xfe
                                //即拉低列 1，然后依次扫描各行
   e=P0;                        //P0 接受按键值的变化情况并送给 e
   e=e&0xf0;                    //比较 e 值与 0xf0
   if(e!=0xf0)                  //如果 e 不等于 0xf0，说明有键按下
   {
```

```
        e=P0;                    //将 P0 端口接收到的键值送给 e
        switch(e)                //根据 e 值的情况分别判断可能是哪个键被按下
        {
           case 0xee:            //当 e 等于 0xee，即表示键 1 被按下
           f=1;
           break;                //暂停，跳出
           case 0xde:            //当 e 等于 0xde，即表示键 2 被按下
           f=4;
           break;
           case 0xbe:f=7; break;
           case 0x7e:f=14;break;
        }
        while(e!=0xf0)
        {
           e=P0;
           e=e&0xf0;
        }
        xy();                    //消影
        xs(f);                   //显示
}
P0=0xfd;                         //人为给 P0 端口送 0xfd，即拉低列 2，然后依次扫描各行
e=P0;
e=e&0xf0;
if(e!=0xf0)
{
        e=P0;
        switch(e)
        {
           case 0xed:f=2;break;
           case 0xdd:f=5;break;
           case 0xbd:f=8;break;
           case 0x7d:f=0;break;
        }
        while(e!=0xf0)
        {
           e=P0;
           e=e&0xf0;
        }
        xy();
        xs(f);
  }
  P0=0xfb;
  e=P0;
```

```
        e=e&0xf0;
        if(e!=0xf0)
        {
           e=P0;
           switch(e)
           {
               case 0xeb:f=3; break;
               case 0xdb:f=6;break;
               case 0xbb:f=9;break;
               case 0x7b:f=14;break;
           }
           while(e!=0xf0)
           {
                e=P0;
                e=e&0xf0;
           }
           xy();
           xs(f);
        }
        P0=0xf7;
        e=P0;
        e=e&0xf0;
        if(e!=0xf0)
        {
           e=P0;
           switch(e)
           {
              case 0xe7:f=a;break;
              case 0xd7:f=b;break;
              case 0xb7:f=c;break;
              case 0x77:f=d;break;
           }
           while(e!=0xf0)
           {
              e=P0;
              e=e&0xf0;
           }
           xy();
           xs(f);
        }
}
void main()
{
```

```
    while(1)
    {
        juzhen();                    //调用矩阵子函数
    }
}
```

8. 评价参考表

按键控制项目的考核评价参考表如表 10-2 所示。

表 10-2　按键控制项目的考核评价参考表

班级：	姓名：	得分：				
评价要素	评价标准	评价依据	评价方式			合计
			个人 20%	小组 20%	老师 60%	
知识 30 分	(1) 掌握独立按键的工作原理 (2) 掌握按键是否按下的检测方法 (3) 掌握独立按键控制 LED 灯亮灭的原理 (4) 掌握矩阵按键的扫描工作原理 (5) 矩阵按键的键值计算 (6) 掌握矩阵按键控制数码管显示原理	(1) 学生回答老师提问、作业或卷面考核 (2) 小组总结				
技能 50 分	(1) 会用独立按键控制一盏 LED 灯的亮灭 (2) 会用独立按键控制数码管的显示 (3) 会用矩阵按键控制数码管的显示	(1) 操作规范 (2) 逻辑清晰 (3) 表达清楚 (4) 在老师指导下能完成程序故障诊断与调试				
素养 20 分	(1) 能在工作中自觉地执行 6S 现场管理规范，遵守纪律，服从管理 (2) 能积极主动地按时完成学习及工作任务 (3) 能规范操作 (4) 有条不紊，逻辑性强 (5) 能在学习中与其他学员团结协作	(1) 考勤 (2) 动作规范 (3) 思路清晰 (4) 6S 现场管理规范				
总　评						

知 识 拓 展

例程 1

利用带锁存器的实验箱编写程序，实现按键控制数码管显示数字 0～9999，并且按键按一下则数字增加 1。

数字的加减

```
#define uint unsigned int          //宏定义
#define uchar unsigned char        //宏定义
sbit cs1=P3^0;                     //定义段选
sbit cs2=P3^1;                     //定义位选
sbit cswr=P3^2;                    //锁存端，上跳变有效
sbit SB1=P3^3;                     //定义独立按键 SB1
uchar led_table[]={0xc0,0xf9,0xa4,0xb0,0x99,0x92,0x82,0xf8,0x80,0x90};     //定义数组
uchar coint;                       //定义变量
uchar d1,d2,d3,d4;                 //定义变量
void delay_1ms(uint x)             //延迟程序
{
    uint i,j;
    for(i=x;i>0;i--)
        for(j=110;j>0;j--);
}
void shuma_display()               //数码管显示程序
{
    cs1=1;                         //关闭段选
    cs2=1;                         //关闭位选
    cswr=0;                        //准备跳变

    P1=led_table[d1];              //引用数组
    cs1=0;                         //打开段选，
    cswr=1;                        //跳变锁存信号
    cs1=1;                         //关闭段选
    cswr=0;                        //准备下一次跳变
    P1=0x7f;                       //位选信号，选择第一位
    cs2=0;                         //打开位选
    cswr=1;                        //跳变锁存数据
    cs2=1;                         //位选关闭
    cswr=0;                        //准备跳变
    delay_1ms(2);                  //延迟一会，让硬件有足够的反应时间

    P1=led_table[d2];              //同上
    cs1=0;
```

```
        cswr=1;
        cs1=1;
        cswr=0;
        P1=0xbf;
        cs2=0;
        cswr=1;
        cs2=1;
        cswr=0;
        delay_1ms(2);

        P1=led_table[d3];            //同上
        cs1=0;
        cswr=1;
        cs1=1;
        cswr=0;
        P1=0xdf;
        cs2=0;
        cswr=1;
        cs2=1;
        cswr=0;
        delay_1ms(2);

        P1=led_table[d4];            //同上
        cs1=0;
        cswr=1;
        cs1=1;
        cswr=0;
        P1=0xef;
        cs2=0;
        cswr=1;
        cs2=1;
        cswr=0;
        delay_1ms(2);
}
void getdata()                       //独立按键判断程序，以及数据分离子程序
{
    if(SB1= =0)                      //判断按键是否按下
    {
       coint++;                      //如果按下，则变量自加
       while(SB1= =0)                //等待松开
       shuma_display();              //在松开期间不断扫描
    }
   d1=coint/1000;                    //分离数据
```

```
  d2=coint%1000/100;
  d3=coint%1000%100/10;
  d4=coint%1000%100%10;
}
void main()                    //主函数
{
   while(1)                    //无限循环
   {
     shuma_display();          //调用数码管显示程序
     getdata();                //调用子程序
   }
}
```

课 后 练 习

(1) 简述单片机检测按键的工作原理。

(2) 编写独立按键“按下时一盏 LED 灯点亮，松开后熄灭”的程序。

(3) 编写单片机检测按键的 C 程序，让数码管显示矩阵按键检测的数值。可以编写较为简单的 3～4 个按键检测。

项目十一　LCD1602 液晶显示

项 目 目 标

1. 知识目标

(1) 了解 LCD1602 液晶显示原理。
(2) 掌握 LCD1602 液晶模块引脚定义。
(3) 掌握 LDC1602 模块与单片机引脚连线图。
(4) 了解 LCD1602 字符代码与显示字符关系。
(5) 理解 LCD1602 地址表。
(6) 理解 LCD1602 指令表。
(7) 理解 LCD1602 读写操作时序。

2. 技能目标

(1) 会利用指令表初始化 LCD1602。
(2) 会利用 LCD1602 基本操作时序编写读写指令。
(3) 会利用 LCD1602 地址表编写在确定位置显示字符。

项 目 要 求

编程实现单片机控制 1602 液晶第一行显示“1602 LCD TEST OK”，第二行显示“HELLO EVERYONE!!”。

知 识 链 接

1. LCD1602 液晶特点

1) LCD1602 液晶介绍

液晶显示器以其微功耗、体积小、显示内容丰富、超薄轻巧、没有电磁辐射、寿命长等优点，在袖珍式仪表和低功耗应用系统中得到越来越广泛的应用。

这里介绍的字符型液晶模块是一种用 5 × 7 点阵图形来显示字符(数字和字母但不能是汉字)的液晶显示器，如图 11-1 所示。根据显示的容量可以分为 1 行 16 个字、两行 16 个字、两行 20 个字，等等，这里以常用的两行 16 个字的 LCD1602 液晶模块来介绍它的编程方法。

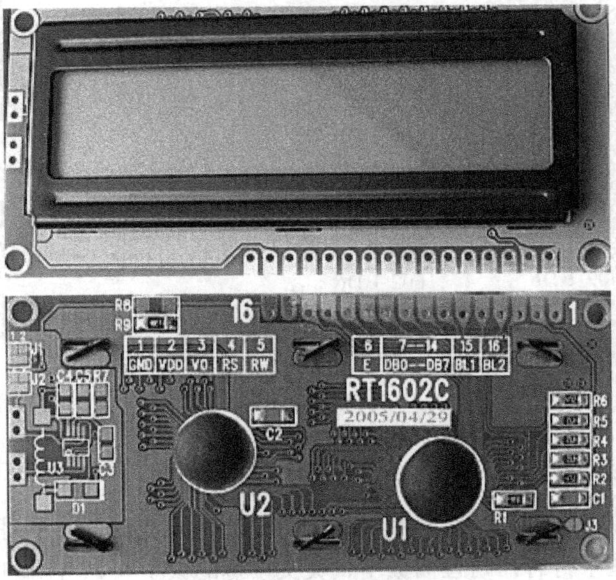

图 11-1　LCD1602 液晶显示器

介绍

显示初始化

2) LCD1602 液晶引脚定义及功能

LCD1602 模块引脚及功能说明如表 11-1 所示。

表 11-1　LCD1602 模块引脚及功能表

编号	符号	引脚说明	编号	符号	引脚说明
1	V_{SS}	电源地	9	D2	Data I/O
2	V_{CC}	电源正极	10	D3	Data I/O
3	VL	液晶显示偏压信号	11	D4	Data I/O
4	RS	数据/命令选择端(H/L)	12	D5	Data I/O
5	R/W	读/写选择端(H/L)	13	D6	Data I/O
6	E	使能信号	14	D7	Data I/O
7	D0	Data I/O	15	BLA	背光源正极
8	D1	Data I/O	16	BLK	背光源负极

LCD1602 共 16 个引脚，但是编程用到的主要引脚不过 3 个，分别为：RS、R/W、E。后面的编程便主要围绕这 3 个引脚展开进行初始化、写命令、写数据等，具体介绍如下：

- RS 为寄存器选择端，高电平选择数据寄存器，低电平选择指令寄存器。
- R/W 为读写选择端，高电平进行读操作，低电平进行写操作。
- E 端为使能端，和时序信号相连。
- 除此外，D0~D7 分别为 8 位双向数据线。

3) LCD1602 引脚和单片机的连接

实验箱上的 LCD1602 模块与单片机引脚连线如图 11-2 所示，J11 为锁存器。

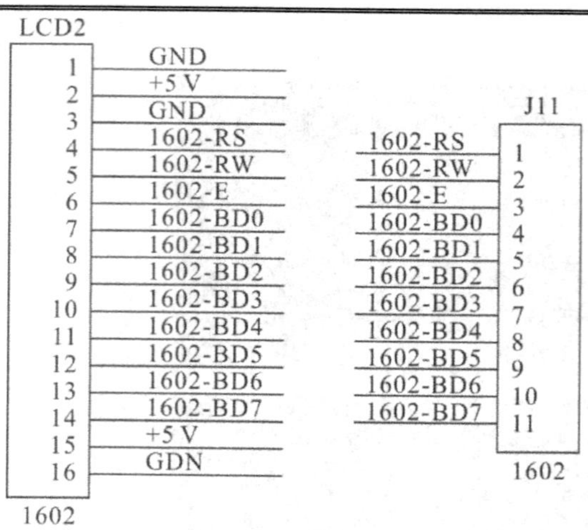

显示字符

显示字母 A

图 11-2　实验箱上的 LCD1602 模块与单片机引脚连线图

4) 字符代码与显示字符关系

LCD1602 液晶模块内部的字符发生存储器(CGROM)已经存储了 160 个不同的点阵字符图形，如表 11-2 所示。这些字符有：阿拉伯数字、英文字母的大小写、常用的符号和日文假名等。每一个字符都有一个固定的代码，即它们的 ASCII 码，比如大写的英文字母“A”的代码是 01000001B(41H)，显示时模块把地址 41H 中的点阵字符图形显示出来，就能在显示屏上看到字母“A”。LCD1602 只能显示数字和英文字母，自带字库，不需要取字模。而 LCD12864 一般不带字库需要字模软件取字模，它可显示汉字和图形，具体见下一个项目。

表 11-2　字符发生存储器字符代码与显示字符关系

高位 低位	0000	0010	0011	0100	0101	0110	0111	1010	1011	1100	1101	1110	1111
××××0000	CGRAM (1)		0	ə	P	\	p		一	タ	三	α	P
××××0001	(2)	!	1	A	Q	a	q	ロ	ア	チ	ム	ä	q
××××0010	(3)	"	2	B	R	b	r	「	イ	川	メ	β	θ
××××0011	(4)	#	3	C	S	c	s	]	ウ	テ	モ	ε	∞
××××0100	(5)	$	4	D	T	d	t	\	エ	ト	セ	μ	Ω
××××0101	(6)	%	5	E	U	e	u	ロ	オ	ナ	ュ	B	0
××××0110	(7)	&	6	F	V	f	v	テ	カ	ニ	ヨ	P	Σ
××××0111	(8)	>	7	G	W	g	w	ア	キ	ヌ	ラ	g	π
××××1000	(1)	(	8	H	X	h	x	イ	ク	ネ	リ	f	X
××××1001	(2)	)	9	I	Y	i	y	ウ	ケ	」	ル	Ī	y
××××1010	(3)	*	:	J	Z	j	z	エ	コ	リ	レ	j	千
××××1011	(4)	+	:	K	[	k	{	オ	サ	ヒ	ロ	x	万
××××1100	(5)	フ	<	L	¥	l	|	セ	シ	フ	ワ	₵	円
××××1101	(6)	—	=	M	]	m	}	ユ	ス	ヘ	ソ	£	十
××××1110	(7)	.	>	N	^	n	~	ヨ	セ	ホ	ハ	n̄	
××××1111	(8)	/	?	O	—	o	←	ツ	ソ	マ	ロ	Ö	

5) LCD1602 指令表

LCD1602 液晶模块内部的控制器共有 11 条控制指令，如表 11-3 所示。

表 11-3 1602 指令表

指令名称	控制信号										运行时间 250 kHz	功能
	RS	R/W	DB7	DB6	DB5	DB4	DB3	DB2	DB1	DB0		
清屏	0	0	0	0	0	0	0	0	0	1	1.64 ms	清 DDRAM 和 AC 的值
归位	0	0	0	0	0	0	0	0	1	*	1.64 ms	AC=0 光标、画面回 HOME 位
输入方式设置	0	0	0	0	0	0	0	1	I/D	S	40 μs	设置光标，画面移动方式
限制开关控制	0	0	0	0	0	0	1	D	C	B	40 μs	设置显示，光标及闪烁开/关
光标，画面位移	0	0	0	0	0	1	S/C	R/L	*	*	40 μs	光标，画面移动不影响 DDRAM
功能设置	0	0	0	0	1	DL	N	F	*	*	40 μs	工作方式设置(初始化指令)
CGRAM 地址设置	0	0	0	1	A5	A4	A3	A2	A1	A0	40 μs	设置 CGRAM 地址
DDRAM 地址设置	0	0	1	A6	A5	A4	A3	A2	A1	A0	40 μs	设置 DDRAM 地址
读 BF 及 AC 值	0	1	BF	AC6	AC5	AC4	AC3	AC2	AXC1	ACO	0 μs	读忙 BF 值地址计器 AC 值
写数据	1	0	数据								40 μs	数据写入 DDRAM/CGRAM
读数据	1	1	数据								40 μs	DDRAM/CGRAM 数据读出

I/D=1：数据读/写操作后，AC 自动增 1	S/C=1：画面平移一个字符位	N=1：两行显示
I/D=0：数据读/写操作后，AC 自动减 1	S/C=0：光标平移一个字符位	N=0：一行显示
S=1：数据读/写操作，画面平移	R/L=1：右移	F=1：5×10 点阵字符
S=0：数据读/写操作，画面不动	R/L=0：左移	F=0：5×7 点阵字符
D：显示开关“1”一开；“0”一关	DL=1：8 位数据接口	BF=1：忙
C：光标开关“1”一开；“0”一关	DL=0：4 位数据接口	BF=0：准备好
B：闪烁开关“1”一开；“0”一关		

LCD_1602 初始化指令小结：

- 0x38：置 16 × 2 显示，5 × 7 点阵，8 位数据接口。
- 0x01：清屏。
- 0x0F：开显示，显示光标，光标闪烁。
- 0x08：只开显示。
- 0x0e：开显示，显示光标，光标不闪烁。
- 0x0c：开显示，不显示光标。
- 0x06：地址加 1，当写入数据的时候光标右移。
- 0x02：地址计数器 AC = 0；(此时地址为 0x80) 光标归原点但是 DDRAM 中断内容不变。
- 0x18：光标和显示一起向左移动。

指令表

6) LCD1602 内部地址

液晶显示模块是一个慢显示器件，所以在执行每条指令之前一定要确认模块的忙标志为低电平，表示不忙，否则此指令失效不能执行。要显示字符时要先输入显示字符地址，也就是告诉模块在哪里显示字符，表 11-4 是 LCD1602 的内部显示地址。

表 11-4　LCD 1602 内部地址表

字位	1	2	3	4	5	6	7	8	9	10	11	12	13	14	15	16
第一行	00H	01H	02H	03H	04H	05H	06H	07H	08H	09H	0AH	0BH	0CH	0DH	0EH	0FH
第二行	40H	41H	42H	43H	44H	45H	46H	47H	48H	49H	4AH	4BH	4CH	4DH	4EH	4FH

LCD1602 内部 RAM 显示缓冲区地址的映射图，00～0F、40～4F 分别对应 LCD1602 的上下两行的每一个字符，只要往对应的 RAM 地址写入要显示字符的 ASCII 代码，就可以显示出来。

比如第二行第一个字符的地址是 40H，那么是否直接写入 40H 就可以将光标定位在第二行第一个字符的位置呢？这样不行，因为写入显示地址时要求最高位 D7 恒定为高电平 1，所以实际写入的数据应该是 0100 0000B(40H) + 1000 0000B(80H) = 1100 0000B(C0H)。

2. LCD1602 基本操作

1) LCD1602 基本操作

(1) 读状态。输入：RS = L，RW = H，E = H。输出：D0～D7 = 状态字。

(2) 写指令。输入：RS = L，RW = L，D0～D7 = 指令码，E = 高脉冲。输出：无。

(3) 读数据。输入：RS = H，RW = H，E = H。输出：D0～D7 = 数据。

(4) 写数据。输入：RS = H，RW = L，D0～D7 = 数据，E = 高脉冲。输出：无。

读取状态字时，注意 D7 位，D7 = 1，禁止读写操作；D7 = 0，允许读写操作。所以对控制器每次进行读写操作前，必须进行读写检测。(即后面的读忙子程序)

2) 写操作时序

写操作时序如图 11-3 所示。当满足 R/W 为低电平，E 为高电平，则可以写数据。

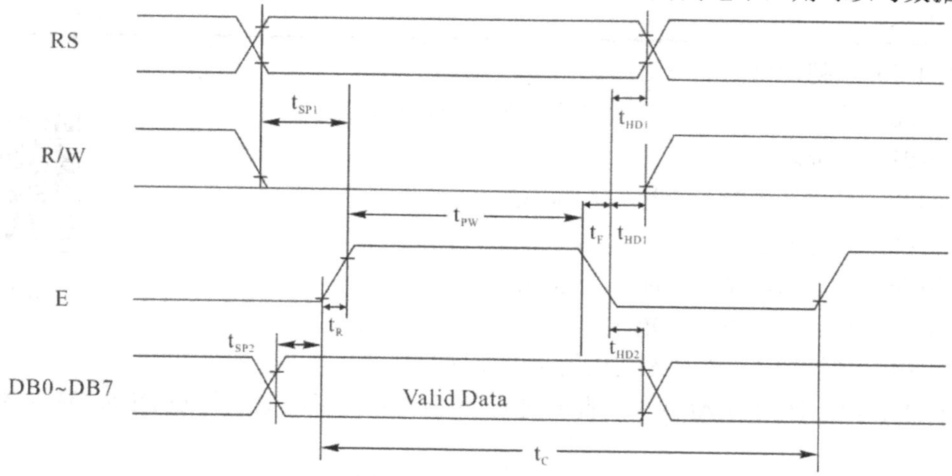

图 11-3　写操作时序图

3) 时序时间表

时序时间表如表 11-5 所示。

表 11-5 时 序 表

时序参数	符号	极限值			单位	测试条件
		最小值	典型值	最大值		
E 信号周期	t_C	400	—	—	ns	引脚 E
E 脉冲宽度	t_{PW}	150	—	—	ns	
E 上升沿/下降沿时间	t_R，t_F	—	—	25	ns	
地址建立时间	t_{SP1}	30	—	—	ns	引脚 E、RS、R/W
地址保持时间	t_{HD1}	10	—	—	ns	
数据建立时间(读操作)	t_D	—	—	100	ns	引脚 DB0～DB7
数据保持时间(读操作)	t_{HD2}	20	—	—	ns	
数据建立时间(写操作)	t_{SP2}	40	—	—	ns	
数据保持时间(写操作)	t_{HD2}	10	—	—	ns	

3. LCD1602 程序编写流程

LCD1602 程序编写流程主要分成以下几个步骤：定义 LCD1602 引脚、显示初始化、设置显示地址、写显示字符的数据、主程序调用。具体如下：

1) 定义 LCD1602 引脚

包括 RS，R/W，E 引脚。这里定义是指这些引脚分别接在单片机哪些 I/O 端口上。现举例如下：

```
sbit EN=P3^4;
sbit RS=P3^5;
sbit RW=P3^6;
```

2) LCD1602 初始化

在这一步进行初始化及设置显示模式等操作，包括以下步骤：设置显示方式、延时时间值、清理显示缓存、设置显示模式。通常推荐的初始化过程如下：

(1) 延时 15 ms，写指令 38H(不检测忙信号)；

(2) 延时 5 ms，写指令 38H(不检测忙信号)；

(3) 延时 5 ms，写指令 38H(不检测忙信号)；

在此步骤以后每次写指令、读/写数据操作均需要检测忙信号；

(4) 写指令 38H：显示模式设置；

(5) 写指令 08H：显示关闭；

(6) 写指令 01H：显示清屏；

(7) 写指令 06H：显示光标移动设置；

(8) 写指令 0CH：显示开及光标设置。

根据它的初始化过程，LCD1602 初始化子程序设计流程图如图 11-4 所示。

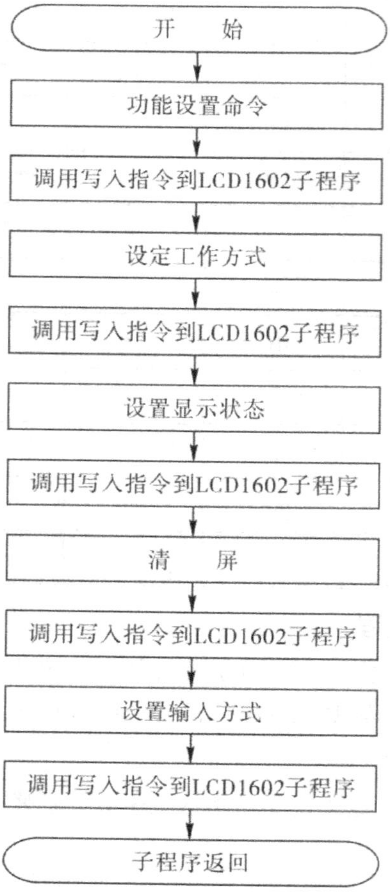

图 11-4　LCD1602 初始化子程序流程图

3) 设置显示地址

设置字符显示的地址，就是确定要显示的字符是放在第几行第几列。通过 x，y 的值来确定显示初始位置，通过一个小于 16 的计算器确定要显示第几个字符。

4) 写显示字符的数据

(1) 写入指令数据到 LCD1602。当 LCD1602 的寄存器选择信号 RS 为 0 时，选择指令寄存器；当 LCD1602 的读写选择线 R/W 为 0 时，进行写操作；当 LCD1602 的使能信号 E 为高电平后，再经过两个时钟周期变为低电平时，产生一个下降沿信号，往 LCD1602 写入指令代码。流程图如图 11-5 所示。

(2) 写入显示数据到 LCD1602。当 LCD1602 的寄存器选择信号 RS 为 1 时，选择数据寄存器；当 LCD1602 的读写选择线 R/W 为 0 时，进行写操作；当 LCD1602 的使能信号 E 为高电平后，再经过两个时钟周期变为低电平时，产生一个下降沿信号，往 LCD1602 写入显示数据。流程图如图 11-6 所示。

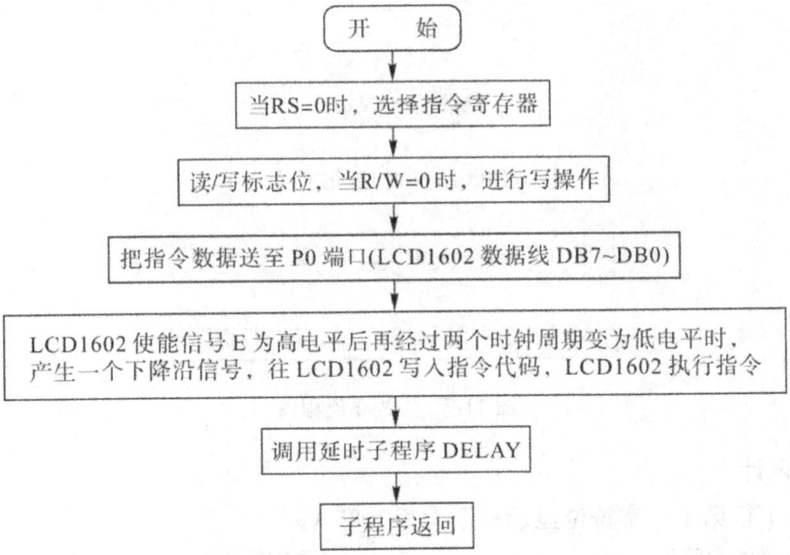

图 11-5　写入指令数据到 LCD1602 子程序流程图

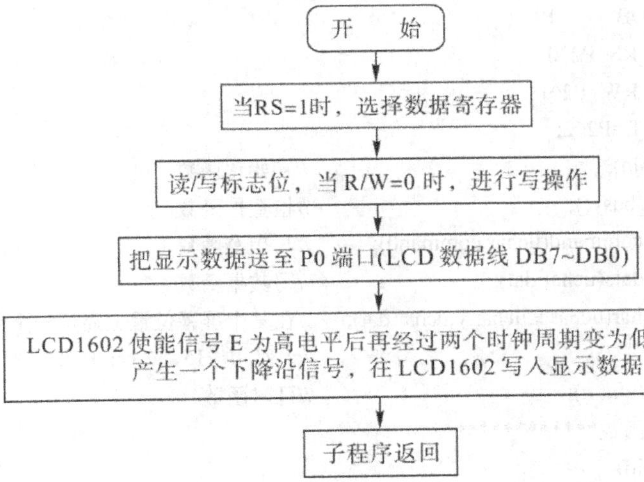

图 11-6　写入显示数据到 LCD1602 子程序流程图

5) 主程序设计

主程序主要完成硬件初始化、子程序调用等功能。

(1) 初始化。通过初始化设置堆栈栈底为 60H，调用 LCD1602 初始化子程序完成对 LCD1602 的初始化设置。

(2) 字符显示。完成对 LCD1602 初始化后，调用 LCD1602 字符显示子程序显示第一行字符和第二行字符。

主程序设计流程如图 11-7 所示。

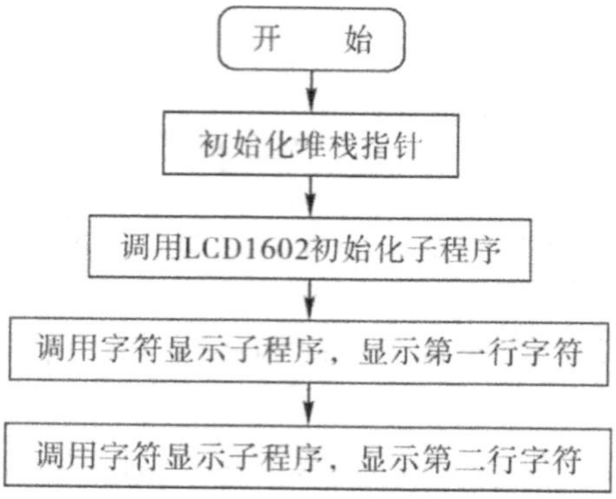

图 11-7　主程序流程图

4. 程序设计 1

(1) 在第 1 行第 1 个字符位显示一个大写字母 A。

```
#include<reg52.h>                                //添加库文件
# define uchar unsigned char
# define uint unsigned int
# define   LCD_DB        P1
 sbit        LCD_RS=P2^0;
 sbit        LCD_RW=P2^1;
 sbit        LCD_E=P2^2;
void LCD_init(void);                             //初始化函数
void LCD_check_busy();                           //检查忙函数
void LCD_write_command(uchar command);           //写指令函数
void LCD_write_data(uchar dat);                  //写数据函数
void LCD_disp_char(uchar x,uchar y,uchar dat);   //在某个屏幕位置上显示一个字符
                                                 //x 列: 0～15，y 行: 0～1
void delay_n40us(uint n);                        //延时函数
//*******初始化函数***************
void LCD_init(void)
{
    LCD_write_command(0x38);                     //设置 8 位格式，2 行，5×7
    LCD_write_command(0x0c);                     //整体显示，关光标，不闪烁
    LCD_write_command(0x06);                     //设定输入方式，增量不移位
    LCD_write_command(0x01);                     //清除屏幕显示
    delay_n40us(100);                            //用 for 循环 100 次就能可靠完成清屏指令
}
//********写指令函数************
void LCD_write_command(uchar dat)
{
    LCD_DB=dat;
    LCD_RS=0;                                    //指令
```

```
    LCD_RW=0;                    //写入
    LCD_E=1;                     //允许
    LCD_E=0;
    delay_n40us(1);              //用 for 循环 1 次就能完成普通写指令
}
//********写数据函数*************
void LCD_write_data(uchar dat)
{
    LCD_DB=dat;
    LCD_RS=1;                    //数据
    LCD_RW=0;                    //写入
    LCD_E=1;                     //允许
    LCD_E=0;
    delay_n40us(1);
}
//*******设置显示地址显示一个字符函数*********
void LCD_disp_char(uchar x,uchar y,uchar dat)
{
    uchar address;
    if(y= =0)
        address=0x80+x;          //在液晶第一行显示
    else
        address=0xc0+x;          //在液晶第二行显示
    LCD_write_command(address);
    LCD_write_data(dat);
}
/*******检查忙函数*************
void LCD_check_busy()            //检查忙指令通过率极低，以至于不能正常使用 LCD
{                                //因此使用了延时的方法
    do
    {   LCD_E=0;                 //用 for 循环作延时，普通指令只要 1 次循环就可完成
        LCD_RS=0;                //清屏指令要用 100 次循环便能完成
        LCD_RW=1;
        LCD_DB=0xff;
        LCD_E=1;
    }while(LCD_DB^7==1);
}
//********延时函数***************
void delay_n40us(uint n)
{
    uint i;
    uchar j;
    for(i=n;i>0;i--)
```

```
        for(j=0;j<2;j++);                //在这个延时循环函数中只做了 2 次循环
}
//*********主函数*****************
void main(void)
{
    LCD_init();
    LCD_disp_char(0,0,'A');          //改变 x，y 的值可在不同位置显示字符 A
    while(1);
}
```

(2) 按指定位置显示一串字符。

```
//输入：列显示地址 x(取值范围 0～15) 行显示地址 y(取值范围 0～1), 指定字符串指针*p,
//要显示的字符个数 count (取值范围 1～16)
void DisplayListChar (unsigned char x,unsigned char y,unsigned char *p,unsigned char count)
{
  unsigned char i;
  for(i=0;i<count;i++)
  {
    if (0 = = y) x |= 0x80;                //当要显示第一行时地址码 + 0x80
    else x |= 0xC0;                        //在第二行显示是地址码 + 0xC0
    Write_com(x);                          //发送地址码
    Write_dat(*p);                         //发送要显示的字符编码
    x++;
    p++;
  }
}
```

调用方法如下：

```
DisplayListChar(0,0,"hello world",11);        //第一行显示“hello world”
DisplayListChar(0,1,"www*qm999*cn",12);       //第二行显示“www*qm999*cn”
```

(3) 显示两行字符串程序设计

```
#include<reg52.h>                    //添加库文件
#define uint unsigned int
#define uchar unsigned char
sbit E = P3^2;                        //定义引脚
sbit RW = P3^1;
sbit RS = P3^0;
void LCD1602Init()                   //LCD1602 初始化
{
   RW = 0;
   RS = 0;
   LCD1602Write_com(0x01);           //清除屏幕显示
   LCD1602Write_com(0x38);           //设置 8 位格式，2 行，5 × 7
   LCD1602Write_com(0x0c);           //整体显示、关光标、不闪烁
```

```
    LCD1602Write_com(0x06);                    //设定输入方式，增量不移位
}
void LCD1602Write_com(uchar i)                 //LCD1602 写指令
{
    RS = 0;                                    //指令
    RW = 0;                                    //写入
    P0 = i;
    E = 1;                                     //允许写入
    mDelay(11);
    E = 0;
}

void LCD1602Write_data(uchar i)                //LCD1602 写数据
{
    RS = 1;                                    //数据
    RW = 0;                                    //写入
    P0 = i;
    E = 1;                                     //允许
    mDelay(11);
    E = 0;
}
void mDelay(uint Delay)                        //延时
{       uint i;
        for(;Delay > 0;Delay--)
        for(i = 0;i < 110;i++);
}
void main()                                    //主函数
{
    unsigned char Code1[] = "1602 LCD TEST OK";     //在第一行显示“1602 LCD TEST OK”
    unsigned char Code2[] = "HELLO EVERYONE!!";
            //在第二行显示“HELLO EVERYONE!!”，字符串可根据实际要求更改
    unsigned char m;
    RW = 0;
    LCD1602Init();
    while(1)
    {
      LCD1602Write_com(0x80+0x00);             //在第一行第一个显示 Code1
      for(m = 0;m < 16;m++)                    //LCD1602 一行最多显示 16 个字符
      {
            LCD1602Write_data(Code1[m]);       //依次显示字符串 1 的每一个字符
            mDelay(10);                        //延时 10 ms
      }
      LCD1602Write_com(0x80+0x40);             //在第二行第一个显示 Code2
```

```
        for(m = 0;m < 16;m++)
        {
            LCD1602Write_data(Code2[m]);
            mDelay(10);                     //延时
        }
    }
}
```

5. 评价参考表

LCD 液晶显示项目的考核评价参考表如表 11-6 所示。

表 11-6 LCD 液晶显示项目的考核评价参考表

班级：	姓名：	得分：				
评价要素	评价标准	评价依据	评价方式			合计
			个人 20%	小组 20%	老师 60%	
知识 30 分	(1) 了解 LCD1602 液晶显示原理 (2) 掌握 LCD1602 液晶引脚定义 (3) 掌握 LDC1602 与单片机引脚连线图 (4) 了解 LCD1602 字符代码与显示字符关系 (5) 理解 LCD1602 地址表 (6) 理解 LCD1602 指令表 (7) 理解 LCD1602 写操作时序	(1) 学生回答老师提问、作业或卷面考核 (2) 小组总结				
技能 50 分	(1) 会利用指令表初始化 LCD1602 (2) 会利用 LCD1602 基本操作时序编写读写指令 (3) 会利用 LCD1602 地址表编写在确定位置显示字符	(1) 操作规范 (2) 逻辑清晰 (3) 表达清楚 (4) 在教师指导下能完成程序故障诊断与调试				
素养 20 分	(1) 能在工作中自觉地执行 6S 现场管理规范，遵守纪律，服从管理 (2) 能积极主动地按时完成学习及工作任务 (3) 能规范操作 (4) 有条不紊，逻辑性强 (5) 能在学习中与其他学员团结协作	(1) 考勤 (2) 动作规范 (3) 思路清晰 (4) 6S 现场管理规范				
总 评						

知 识 拓 展

1. 动态显示效果

显示动态效果包括让一个字符或字符串在原位置闪烁，或者前后移动等。其实动态效果原理很简单，就是简单的利用延时。

例如让字符原位置闪烁，可以认为是先让 LCD1602 显示字符，延时一段时间后，可以显示空格或者直接清屏操作都可以达到让字符消失不见的效果，再延时一段时间后再让 1602 显示这个字符。

同理，让字符前后移动也是这样，例如让字符在第一个位置显示，延时一段时间后让其在后面第二个位置显示，只要显示地址加 1，然后显示即可。字符串前后移动显示也是同样的道理。

在这里补充一点，就是如何让字符串从 LCD1602 第 16 个地址外进入，动态向前移动。通过表 11-4 显示地址表可知起始位置开始 LCD1602 一行只能显示 16 个字符，但是一行的地址却远远不止 16 个。从表中可以看到第一行显示地址是从 00H~27H，然而能显示在 LCD1602 可见范围的只有 00H~0FH，后面的位置其实就是起到一个缓冲的作用，完全可以让字符数据存储在 10H 地址后的 RAM 中，只不过，我们无法看到就是了，如果存在 10H 前的地址我们就能看到显示。因此，可以先把显示起始地址设置在 10H 地址后的某一个位置，然后让字符显示地址每次加 1，当加到 0FH 时，就可以看到字符串第一个字符出现在 LCD1602 的最末一位，然后继续向前移动。

2. 例程 1

功能：字符串移动显示。

```
void display_lcd_byte(uchar y,uchar x,uchar z)
{
    if(y)
    {
      x+=0x40;
    }
    x+=0x80;
    write(x,0);
    write(z,1);
}

void display_lcd_text(uchar y,uchar x,uchar table[])
{
   uchar z=0;
   uchar t;
   t=strlen(table)+x;
   while(x<t)
```

```
        {
            display_lcd_byte(y,x,table[z]);
            x++;
            z++;
        }

        display_lcd_byte(y,x,' ');

    }
    //前两个子程序是显示子程序
    void main()
    {
        uchar i;
        LCD1602();
        init();
        for(i=16;i>=0;i--)                    //这里的循环就是为了字符串从后往前显示
        {
            display_lcd_text(0,i,table0);     //i 减一次，首个字符就往前移一位
            delay(200);
        }
        while(1);
    }
```

3. 例程 2

功能：用 LCD1602 显示日期和时间。

```
#include <reg51.h>                              //51 头文件
#define uchar unsigned char
#define uint    unsigned int                    //变量宏定义
uchar shi,fen,miao;                             //时间变量
sbit rs = P2^0;                                 //数据，命令选择端(H/L)
sbit rw = P2^1;                                 //读，写选择端(H/L)
sbit e = P2^2;                                  //使能信号
//********************************
uchar code table[]="2010-10-28 DATE";
uchar code table1[]="00:00:00 TIME";            //数据字符表
void delay(uint z)                              //延时
{
    uint x,y;
    for(x=z;x>0;x--)
     for(y=110;y>0;y--) ;
}
void write_com(uchar com)                       //写液晶指令
{
```

```
    rs=0;
    e=0;
    P1=com;
    delay(5);
    e=1;
    delay(5);
    e=0;
}
void write_date(uchar date)                    //写液晶数据
{
    rs=1;
    e=0;
    P1=date;
    delay(5);
    e=1;
    delay(5);
    e=0;
}
 void init()                                   //初始化液晶，设置定时器初值
{
   uchar num;
   rs=0;
   rw=0;
   e=0;                                        //锁存关闭
   write_com(0x38);
   delay(5);
   write_com(0x0c);
   delay(5);
   write_com(0x06);
   delay(5);
   write_com(0x01);
   write_com(0x80);                            //第一行开始写
   for(num=0;num<15;num++)
   {
      write_date(table[num]);
      delay(20);
   }
   write_com(0x80+0x40);                       //第二行前一部分，也就是时间开始写
   for(num=0;num<13;num++)
   {
      write_date(table1[num]);
      delay(20);
   }
```

```
    TMOD=0x01;                              //定时器 0 的方式 1
    TH0=(65536-50000)/256;                  //求模
    TL0=(65536-50000)%256;                  //取余
    EA=1;                                   //开总中断
    ET0=1;                                  //开定时器中断
    TR0=1;                                  //启动定时器
}
void write_sfm(uchar add, uchar date)       //地址数据变量
{
    uchar shi,ge;
    shi=date/10;
    ge=date%10;
    write_com(0x80+0x40+add);
    write_date(0x30+shi);
    write_date(0x30+ge);
}
void main()                                 //主函数
{
    init();
    while(1);
}
void timer0() interrupt 1                   //定时器 0 中断服务程序
{
    TH0=(65536-50000)/256;                  //求模
    TL0=(65536-50000)%256;                  //求余
    count++;                                //变量
    if(count= =20)                          //此处为时间基准调节，20 为走一秒
    {
        count=0;
        if(miao==60)
        { miao=0;
              fen++;
               if(fen==60)
               { fen=0;
                   shi++;
                   if(shi==24)
                   {
                     shi=0;
                   }
                   write_sfm(0,shi);              //时针位置
               }
          write_sfm(3,fen);                 //分针位置
      }
```

```
        write_sfm(6,miao);                    //秒针位置
    }
}
```

课 后 练 习

(1) 如何用 C 语言初始化 LCD1602 液晶整体显示、关光标、不闪烁？

(2) 如何用 C 语言初始化 LCD1602 液晶清屏？

(3) 描述 LCD1602 液晶显示原理。

(4) 描述 LCD1602 液晶编程流程。

(5) LCD1602 液晶显示字符显示在哪一行哪一列该如何确定？

(6) 编写 LCD1602 液晶写数据子函数。

(7) 编写在 LCD1602 液晶第二行显示“I LOVE YOU!”程序。

项目十二　LCD12864 液晶显示

项 目 目 标

1. 知识目标

(1) 掌握 LCD12864 液晶显示模块的引脚功能。
(2) 掌握 LCD12864 液晶显示模块与单片机的连接方法。
(3) 掌握 LCD12864 液晶显示原理。
(4) 掌握 LCD12864 液晶汉字显示地址的确定。
(5) 掌握 LCD12864 液晶汉字的取模方法。
(6) 掌握 LCD12864 液晶显示汉字的编程流程。

2. 技能目标

(1) 会利用指令表初始化 LCD12864。
(2) 会利用 LCD12864 基本操作时序编写读写指令。
(3) 会利用 LCD12864 地址表编写在确定位置显示字符。
(4) 会用 LCD12864 液晶编程在不同行显示汉字。

项 目 要 求

用 LCD12864 液晶在第一行显示汉字“欢迎使用通用单片机”，在第二行显示汉字“实验装置”，第三行显示汉字“12864 图形液晶”，第四行显示汉字“测试程序”。 汉字全部居中显示，显示效果如图 12-1 所示。

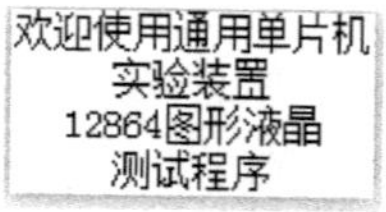

图 12-1　实验箱上 LCD12864 液晶显示效果图

知 识 链 接

1. LCD12864 液晶特点

LCD12864 是一种图形点阵液晶显示器，它主要由行驱动器、列驱动器及 128×64 全点阵液晶显示器组成。可完成图形显示，也可以显示 8 × 4 个(16 × 16 点阵)汉字。

可用 LCD12864 液晶实现汉字和图形显示，比如可以看到的显示文字和图形效果如图 12-2 所示。

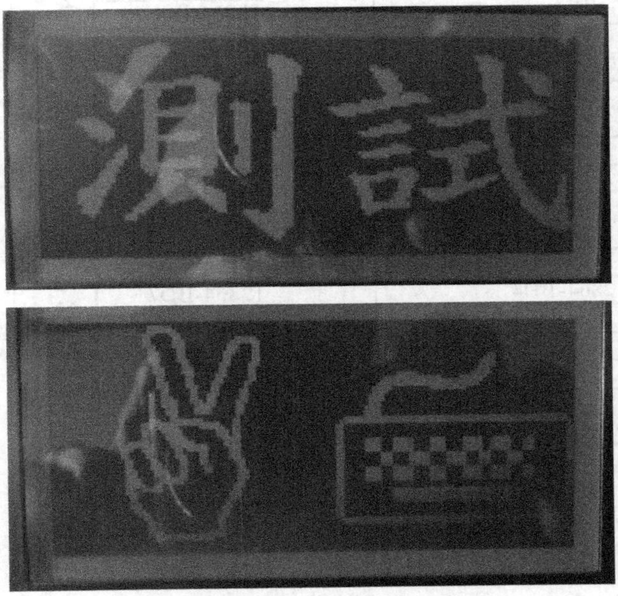

图 12-2　LCD12864 液晶实现汉字和图形显示

介绍

1) LCD 12864 液晶模块引脚定义及功能

LCD(SMG12864 及兼容芯片)模块引脚及功能说明如表 12-1 所示。

表 12-1　LCD(SMG12864 及兼容芯片)模块引脚及功能表

编号	符号	引脚说明	编号	符号	引脚说明
1	V_{SS}	电源地	11	DB4	Data I/O
2	V_{CC}	电源正极(+5 V)	12	DB5	Data I/O
3	V_0	液晶显示偏压输入	13	DB6	Data I/O
4	RS	数据/命令选择端(H/L)	14	DB7	Data I/O
5	R/W	读/写控制信号(H/L)	15	CS1	片选 IC1 信号
6	E	使能信号	16	CS2	片选 IC2 信号
7	DB0	Data I/O	17	$\overline{RST}$	复位端(H：正常工作，L：复位)
8	DB1	Data I/O	18	V_{EE}	负电源输出(−10 V)
9	DB2	Data I/O	19	BLA	背光源正极(+4.2 V)
10	DB3	Data I/O	20	BLK	背光源负极

2) LCD12864 液晶模块引脚与单片机连线

实验箱上的 LCD12864 模块引脚与单片机接口连线如图 12-3 所示，这是一个不带字库的液晶模块，J12 为锁存器。

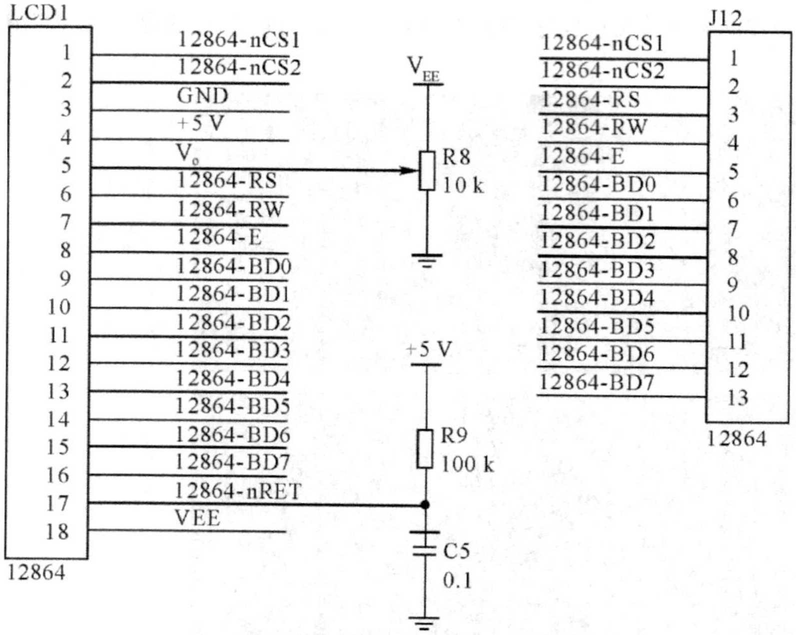

图 12-3　实验箱上的 12864 模块引脚接线图

3) LCD12864 液晶地址

(1) RAM 地址映射图。LCD12864 内部有 128(列) × (64)行的点阵液晶显示器。LCD 显示屏由两片控制器控制，每片控制器内部带有 64(行) × 64(列)(64 × 64/8 = 512 字节)的 RAM 缓冲区，分 8 页寻址，一页包含 8(行) × 64(列)点阵，占据 64 字节。对应关系如图 12-4 所示。而一个汉字能显示清楚至少需要 16 × 16 点阵，所以至少需要 2 页才能显示完全一个汉字。

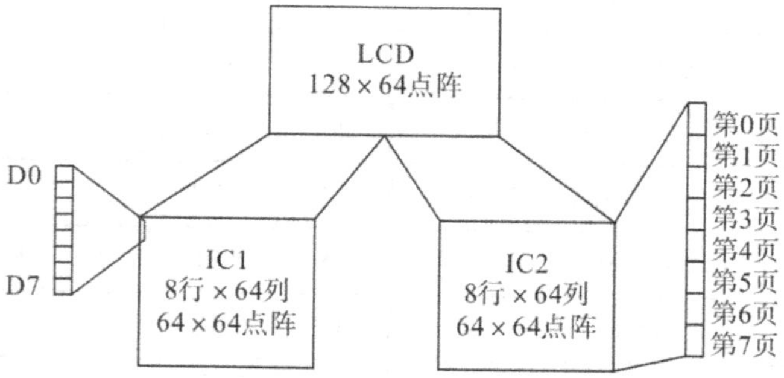

图 12-4　RAM 地址映射图

(2) XY 地址计数器。XY 地址计数器是一个 9 位计数器，高 3 位是 X 地址计数器，低 6 位为 Y 地址计数器。XY 地址计数器实际上是作为 DDRAM 的地址指针，X 地址计数器为 DDRAM 的页指针，Y 地址计数器为 DDRAM 的 Y 地址指针。

X 地址计数器是没有记数功能的，只能用指令设置。

Y 地址计数器具有循环记数功能，各显示数据写入后，Y 地址自动加 1，Y 地址指针范围为 0～63。

(3) 汉字显示坐标。汉字显示坐标如表 12-2 所示。

表 12-2　汉字显示坐标

	X 坐标							
Line1	80H	81H	82H	83H	84H	85H	86H	87H
Line2	90H	91H	92H	93H	94H	95H	96H	97H
Line3	88H	89H	8AH	8BH	8CH	8DH	8EH	8FH
Line4	98H	99H	9AH	9BH	9CH	9DH	9EH	9FH

(4) 显示数据位置控制。控制器内部设有一个数据地址页指针和一个数据地址列指针，用户可通过它们来访问内部的全部 512 字节 RAM。数据指针设置如表 12-3 所示。

表 12-3　数据指针设置

指　令　码	功　　能
B8H + 页码(0～7)	设置数据地址页指针
40H + 列码(0～63)	设置数据地址列指针

(5) Z 地址计数器。Z 地址计数器是一个 6 位计数器，此计数器有循环计数的功能，用于显示扫描同步。当一行扫描完成，此地址计数器自动加 1，指向下一行扫描数据，RST 复位后 Z 地址计数器为 0。

Z 地址计数器用指令“设置显示开始线”预置，因此，显示屏幕的起始行就由此指令控制。LCD12864 模块的显示数据存储区共 64 行，屏幕可以循环滚动显示 64 行。

(6) 显示流程。汉字显示流程如图 12-5 所示。

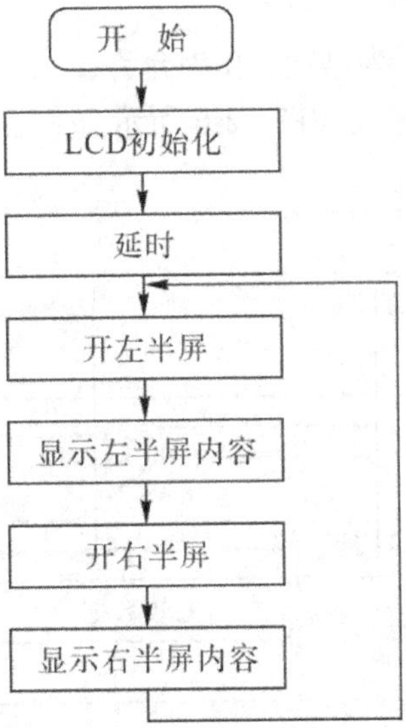

图 12-5　汉字显示流程图

4) LCD12864 液晶基本操作

(1) LCD12864 液晶读写操作时序。

① 读状态。

输入：RS = L，R/W = H，CS1 或 CS2 = H，E = 高脉冲。

输出：D0～D7 = 状态字。

② 写指令。

输入：RS = L，R/W = L，D0～D7 = 指令码，CS1 或 CS2 = H，E = 高脉冲。

输出：无。

③ 读数据。

输入：RS = H，R/W = H，CS1 或 CS2 = H，E = H。

输出：D0～D7 = 数据。

④ 写数据。

输入：RS = H，R/W = L，D0～D7 = 数据，CS1 或 CS2 = H，E = 高脉冲。

输出：无。

(2) 状态字说明。对控制器每次进行读/写操作之前，都必须进行读/写检测，以确保STA7 为 0。状态字说明如表 12-4 所示。

表 12-4　状态字说明

STA7	STA6	STA5	STA4	STA3	STA2	STA1	STA0
D7	D6	D5	D4	D3	D2	D1	D0

其中：

- STA0～STA4：未用。
- STA5：液晶显示状态，1 为关闭，0 为显示。
- STA6：未用。
- STA7：读/写操作使能，1 为禁止，0 为允许。

(3) 写指令时序。写指令时序图如图 12-6 所示。

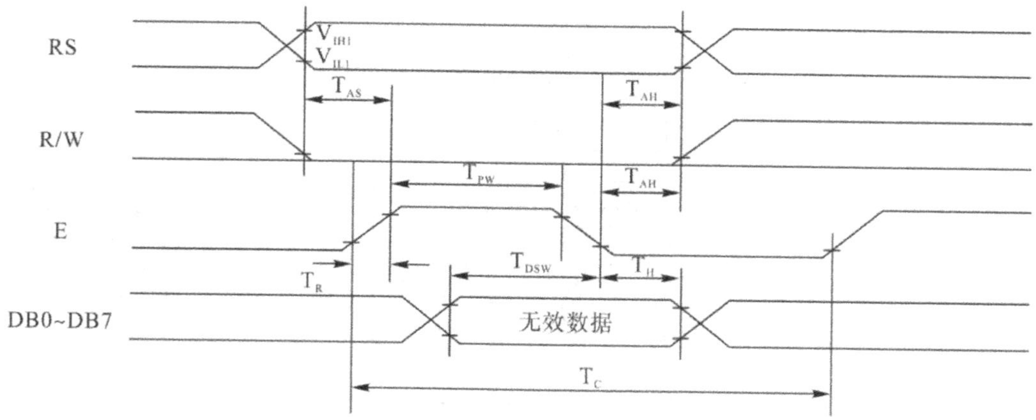

图 12-6　写指令时序图

5) 汉字显示原理

在数字电路中，所有的数据都是以 0 和 1 形式保存的，对 LCD 控制器进行不同的数据操作，可以得到不同的结果。对于显示英文操作，由于英文字母种类很少，只需要 8 位(一字节) 即可。而对于中文，常用字有 6000 个以上，于是 DOS 前辈们想了一个办法，就是将 ASCII 表的高 128 个很少用到的数值以两个为一组来表示汉字，即汉字的内码(汉字 ASCII 码)；而剩下的低 128 位则留给英文字符使用，即英文的内码。那么，得到了汉字的内码后，还仅是一组数字，如何在屏幕上去显示呢？这就涉及文字的字模。字模虽然也是一组数字，但它的意义却与数字的意义有了根本的变化，它用数字的各位信息来记载英文或汉字的形状，如英文的字母“A”在字模的记载方式下如图 12-7 所示。

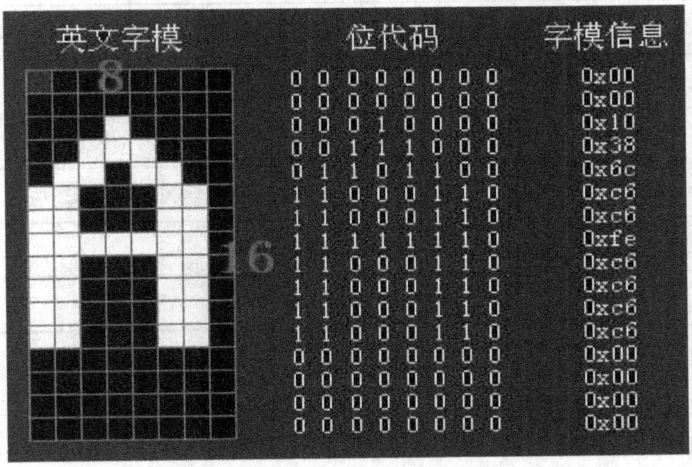

图 12-7 “A”字模图

而中文的“你”在字模中的记载如图 12-8 所示。

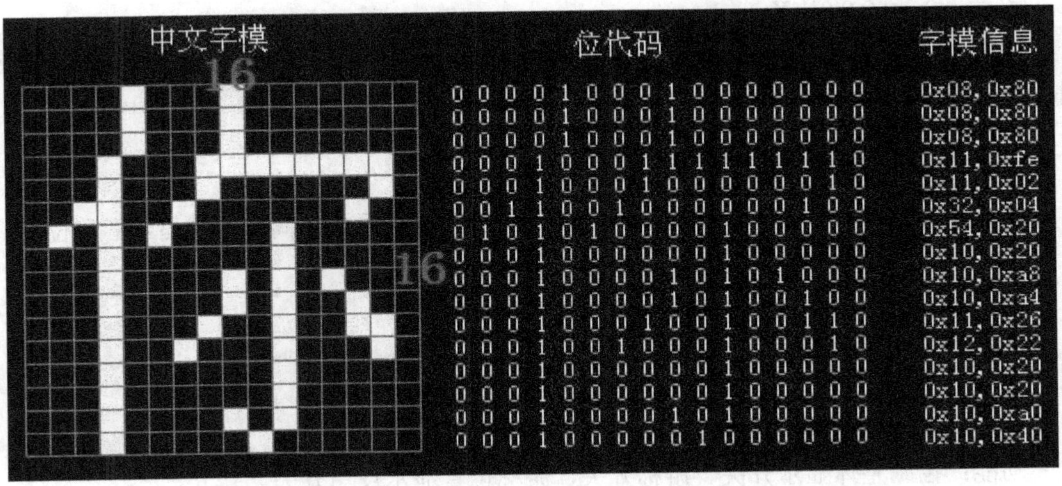

图 12-8 “你”字模图

如果需要反白只要取反位代码即可。

2. LCD12864 液晶基本指令集

1) 基本指令集

LCD12864 基本指令集如表 12-5 所示。

表 12-5　基本指令集

指令名称	控制信号		控制代码								执行时间
	RS	R/W	D7	D6	D5	D4	D3	D2	D1	D0	
清除显示	0	0	0	0	0	0	0	0	0	1	1.6 ms
地址归 0	0	0	0	0	0	0	0	0	1	X	72 μs
进入设定点	0	0	0	0	0	0	0	1	I/D	S	72 μs
显示开关设置	0	0	0	0	0	0	1	D	C	B	72 μs
移位控制	0	0	0	0	0	1	S/C	R/L	X	X	72 μs
功能设定	0	0	0	0	1	DL	X	O/RE	X	X	72 μs
设定 CGRAM 地址	0	0	0	1	A5	A4	A3	A2	A1	A0	72 μs
设定 DDRAM 地址	0	0	1	0	A5	A4	A3	A2	A1	A0	72 μs

2) 指令详解

(1) 清除显示指令(CLEAR)：

格式：0 0 0 0 0 0 0 1B

功能：将 DDRAM(显示数据存储器)填满“20H”(空格)代码，并且设定 DDRAM 的地址计数器(AC)为 00H；更新设置进入设定点将 I/D 设为 1，游标右移 AC 加 1。

(2) 地址归 0 指令(HOME)：

格式：0 0 0 0 0 0 1 X

功能：设定 DDRAM 的地址寄存器为 00H，并且将游标移到开头原点位置；这个指令并不改变 DDRAM 的内容。

(3) 进入设定点指令(ENTRY MODE SET)，初始值为 06H。

格式：0 0 0 0 0 1 I/D S

功能：指定在显示数据的读取与写入时，设定游标的移动方向及指定显示的移位。

I/D = 1，游标右移，DDRAM 地址计数器(AC)加 1。

I/D = 0，游标左移，DDRAM 地址计数器(AC)减 1。

S：显示画面整体位移。

(4) 显示开关设置指令(DISPLAY STATUS)，初始值为 08H。

格式：0 0 0 0 1 D C B

功能：控制整体显示开关、游标开关、游标位置显示反白开关。

D = 1，整体显示开；D = 0，整体显示关，但是不改变 DDRAM 内容。

C = 1，游标显示开；C = 0，游标显示关。

B = 1，游标位置显示反白开，将游标所在地址上的内容反白显示；B = 0，正常显示。

(5) 游标或显示移位控制指令，初始值为 0001 XXXX B (X = 0, 1)。

格式：0 0 0 1 S/C R/L X X

功能：这条指令不改变 DDRAM 的内容。

S/C、R/L 的值决定游标方向和 AC 的值。

XX 为 L L，游标向左移动，AC = AC – 1。

XX 为 L H，游标向右移动，AC = AC + 1。

XX 为 H L，显示向左移动，游标跟着移动，AC = AC。

XX 为 H H，显示向右移动，游标跟着移动，AC = AC。

(6) 功能设定指令(FUNCTION SET)，初始值为 0011 X0XX B (X = 0,1)。

格式：0 0 1 DL X O/RE X X

功能：DL 为 8/4 位接口控制位，DL = 1 为 8 位 MPU 接口；DL = 1 为 4 位 MPU 接口。

RE：指令集选择控制位，RE = 1，扩充指令集；RE = 0，基本指令集。

同一指令的动作不能同时改变 DL 和 RE 的值，需先改变 DL 值再改变 RE 值才能确保设置正确。

(7) 设定 CGRAM 地址指令。

格式：0 1 A5 A4 A3 A2 A1 A0

功能：设定 CGRAM 地址到地址计数器(AC)，AC 范围为 00H～3FH，需确认扩充指令中 SR = 0 (卷动位置或 RAM 地址选择)。

(8) 设定 DDRAM 地址指令。

格式：1 0 A5 A4 A3 A2 A1 A0

功能：设定 DDRAM 地址到地址计数器(AC)，第一行 AC 范围为 80H～8FH，第二行 AC 范围为 90H～9FH。

(9) 读取忙标志和地址指令(RS = 0，R/W = 1)。

格式：BF A6 A5 A4 A3 A2 A1 A0

功能：读取忙标志以确定内部动作是否完成，同时可以读出地址计数器 AC 的值。

(10) 写显示数据到 RAM 指令(RS = 1, R/W = 0)。

格式：D7 D6 D5 D4 D3 D2 D1 D0

功能：当显示数据写入后会使 AC 改变，每个 RAM(CGRAM、DDRAM、IRAM) 地址都可以连续写入两个字节的显示数据，当写入第二个字节时，地址计数器 AC 的值就自动加 1。

(11) 读取显示数据到 RAM 指令(RS = 1，R/W = 1)。

格式：D7 D6 D5 D4 D3 D2 D1 D0

功能：读取数据后会使 AC 改变，设定 RAM(CGRAM、DDRAM、IRAM) 地址后，先要“Dummy read”一次后才能读取到正确的显示数据，第二次读取不需要“Dummy read”，除非重新设置了 RAM 地址。

3. LCD12864 编程流程

LCD12864 编程流程和 LCD1602 很多地方类似，具体包括定义 LCD1602 管脚、显示初始化、写指令、写数据、设置显示地址、取字模、主程序调用。不同的是 LCD1602 自带

ASCII 码库，不需要取模，而 LCD12864 一般不带汉字字库，需要取模软件取字模。具体取模方法见本项目知识拓展部分。

1) 复位时序

LCD12864 液晶复位时序图如图 12-9 所示。

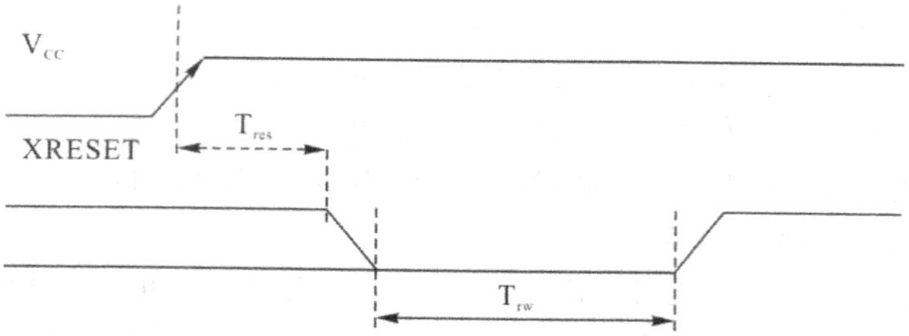

名　称	符　号	值
XRESET 脉宽	T_{rw}	10 μs
RESET 开始时间	T_{res}	50 μs

图 12-9　12864 液晶复位时序图

2) 初始化设置

初始化设置指令如表 12-6 所示。

表 12-6　初始化设置指令

指令码	功　能
3EH	关显示
3FH	开显示
C0H	设置显示初始行

4. 程序设计

初始化

程序设计

```
#include <reg52.h>                //添加库文件
#define uint unsigned int
#define uchar unsigned char
#define ulong unsigned long
sbit LCD_E = P2^4;                //定义管脚
sbit LCD_RW = P2^3;
sbit LCD_RS = P2^2;
sbit LCD_CS2 = P2^1;
sbit LCD_CS1 = P2^0;
#define   Data_Port P0

uchar disp_x = 0xb8;              //设置页的初始位置
```

```
uchar disp_z = 0xc0;            //设置数据存储器的数据从哪一行开始显示在屏幕第一行
uchar disp_y = 0x40;            //设置列的初始位置

void DISP(void)                 //初始化
{
    Write_Com(0x3e);            //显示关
    Write_Com(0x3f);            //显示开
}
void Write_Com(uchar com)       //写命令
{
    LCD_RS = 0;                 //命令
    LCD_RW = 0;                 //写
    LCD_E = 1;                  //使能端有效
    Data_Port = com;            //命令送端口
    LCD_E = 0;                  //使能端无效
}
void Write_Data(uchar dat)      //写数据
{
    LCD_RS = 1;                 //数据
    LCD_RW = 0;                 //写
    LCD_E = 1;                  //使能端有效
    Data_Port = dat;            //数据送端口
    LCD_E = 0;                  //使能端无效
}

void WR_ZB(void)                //设置显示地址
{
    Write_Com(disp_x);          //设置 x 地址
    Write_Com(disp_z);          //设置起始行
    Write_Com(disp_y);          //设置 y 地址
}
```

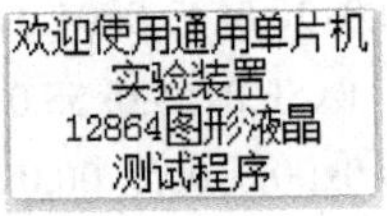


```
uchar code dis[] =              //显示汉字的代码

{
    0x00,0x00,0x24,0x44,0x84,0x64,0x1C,0x20,0x18,0x0F,0xE8,0x08,0x28,0x18,0x00,0x40,
    0x42,0xCC,0x00,0xFC,0x04,0x02,0x00,0xFC,0x04,0x04,0x04,0xFC,0x00,0x20,0x10,0xFC,
    0x03,0xF4,0x94,0x94,0x94,0xFF,0x94,0x94,0x94,0xF4,0x00,0x00,0x00,0xFE,0x22,0x22,
    0x22,0x22,0xFE,0x22,0x22,0x22,0x22,0xFE,0x00,0x20,0x21,0xE6,0x00,0x00,0xF9,0x49,
    0x4B,0xFD,0x4D,0x4B,0xF9,0x00,0x00,0x00,0x00,0xFE,0x22,0x22,0x22,0x22,0xFE,0x22,
    0x22,0x22,0x22,0xFE,0x00,0x00,0x00,0xFC,0x25,0x26,0x24,0xFC,0x24,0x26,0x25,0xFC,
```

```
0x00,0x00,0x00,0x00,0x00,0xFE,0x10,0x10,0x10,0x10,0x10,0x1F,0x10,0x10,0x10,0x00,
0x00,0x08,0xC8,0xFF,0x48,0x88,0x00,0xFE,0x02,0x02,0x02,0xFE,0x00,0x00,0x00,0x00,
0x00,0x10,0x08,0x06,0x01,0x03,0x0C,0x20,0x10,0x0C,0x03,0x0C,0x10,0x20,0x00,0x20,
0x10,0x0F,0x10,0x27,0x22,0x21,0x20,0x3F,0x20,0x22,0x22,0x23,0x00,0x00,0x00,0x3F,
0x00,0x20,0x11,0x0A,0x04,0x0B,0x10,0x10,0x20,0x20,0x00,0x20,0x18,0x07,0x01,0x01,
0x01,0x01,0x1F,0x01,0x01,0x21,0x21,0x3F,0x00,0x20,0x10,0x0F,0x10,0x20,0x2F,0x22,
0x22,0x2F,0x22,0x2A,0x2F,0x20,0x00,0x20,0x18,0x07,0x01,0x01,0x01,0x01,0x1F,0x01,
0x01,0x21,0x21,0x3F,0x00,0x08,0x08,0x09,0x09,0x09,0x09,0x3F,0x09,0x09,0x09,0x09,
0x08,0x08,0x00,0x20,0x10,0x0F,0x01,0x01,0x01,0x01,0x01,0x01,0x3F,0x00,0x00,0x00,
0x00,0x01,0x00,0x3F,0x00,0x20,0x18,0x07,0x00,0x00,0x00,0x1F,0x20,0x38,0x00,0x00,
0x00,0x00,0x00,0x00,0x00,0x00,0x00,0x00,0x00,0x00,0x00,0x00,0x00,0x00,0x00,0x00,
0x00,0x00,0x00,0x00,0x00,0x00,0x00,0x00,0x00,0x00,0x00,0x00,0x00,0x00,0x00,0x00,
0x00,0x00,0x00,0x00,0x0C,0x04,0x44,0x84,0x14,0x25,0x06,0x04,0xF4,0x04,0x04,0x04,
0x0C,0x00,0xF2,0x82,0xFE,0x80,0x20,0x10,0x28,0xA4,0x23,0x24,0x28,0x90,0x20,0x00,
0x22,0x24,0x10,0x7F,0x00,0x44,0xA4,0x24,0x3F,0x24,0x24,0x24,0x04,0x00,0x00,0x2F,
0xA9,0xA9,0xAF,0xA9,0xF9,0xA9,0xAF,0xA9,0xA9,0x2F,0x00,0x00,0x00,0x00,0x00,0x00,
0x00,0x00,0x00,0x00,0x00,0x00,0x00,0x00,0x00,0x00,0x00,0x00,0x00,0x00,0x00,0x00,
0x00,0x00,0x00,0x00,0x00,0x00,0x00,0x00,0x00,0x00,0x00,0x00,0x00,0x00,0x00,0x00,
0x00,0x00,0x00,0x00,0x00,0x00,0x00,0x00,0x00,0x00,0x00,0x00,0x00,0x00,0x00,0x00,
0x00,0x00,0x00,0x00,0x00,0x00,0x00,0x00,0x00,0x00,0x00,0x00,0x00,0x00,0x00,0x00,
0x00,0x00,0x00,0x00,0x02,0x22,0x22,0x12,0x12,0x0A,0x06,0x03,0x06,0x0A,0x12,0x22,
0x02,0x00,0x04,0x24,0x22,0x1F,0x20,0x22,0x2C,0x20,0x23,0x30,0x2C,0x23,0x20,0x00,
0x11,0x11,0x09,0x05,0x3F,0x21,0x13,0x05,0x09,0x15,0x13,0x21,0x21,0x00,0x20,0x20,
0x3F,0x20,0x20,0x20,0x3C,0x20,0x20,0x20,0x3F,0x20,0x20,0x00,0x00,0x00,0x00,0x00,
0x00,0x00,0x00,0x00,0x00,0x00,0x00,0x00,0x00,0x00,0x00,0x00,0x00,0x00,0x00,0x00,
0x00,0x00,0x00,0x00,0x00,0x00,0x00,0x00,0x00,0x00,0x00,0x00,0x00,0x00,0x00,0x00,
0x00,0x00,0x00,0x00,0x00,0x00,0x00,0x00,0x00,0x00,0x00,0x00,0x00,0x00,0x00,0x00,
0x00,0x00,0x00,0x00,0x10,0x10,0xF8,0x00,0x00,0x00,0x00,0x30,0x08,0x08,0x88,0x70,
0x00,0x30,0xC8,0x88,0x88,0xC8,0x30,0x00,0xE0,0x90,0x48,0x48,0x48,0x98,0x00,0x00,
0xC0,0x20,0x10,0xFC,0x00,0x00,0x00,0xFF,0x01,0x21,0x91,0xAD,0x49,0x49,0xA9,0x99,
0x01,0x01,0xFF,0x00,0x40,0x42,0xFE,0x42,0x42,0xFE,0x42,0x40,0x10,0x88,0x44,0x33,
0x00,0x00,0x20,0x42,0x04,0x88,0x00,0x84,0xE4,0x1C,0x85,0x7E,0xA4,0x24,0xE4,0x00,
0xC0,0x40,0x5F,0x55,0x55,0xD5,0x15,0xD5,0x55,0x55,0x5F,0x40,0xC0,0x00,0x00,0x00,
0x00,0x00,0x00,0x00,0x00,0x00,0x00,0x00,0x00,0x00,0x00,0x00,0x00,0x00,0x00,0x00,
0x00,0x00,0x00,0x00,0x00,0x00,0x00,0x00,0x00,0x00,0x00,0x00,0x00,0x00,0x00,0x00,
0x00,0x00,0x00,0x00,0x08,0x08,0x0F,0x08,0x08,0x00,0x00,0x0C,0x0A,0x09,0x08,0x0C,
0x00,0x07,0x08,0x08,0x08,0x08,0x07,0x00,0x07,0x08,0x08,0x08,0x08,0x07,0x00,0x01,
0x02,0x02,0x0A,0x0F,0x0A,0x00,0x00,0x3F,0x21,0x21,0x24,0x24,0x29,0x29,0x32,0x20,
0x21,0x21,0x3F,0x00,0x20,0x10,0x0F,0x00,0x00,0x3F,0x00,0x00,0x21,0x10,0x08,0x04,
0x03,0x00,0x00,0x18,0x06,0x01,0x01,0x00,0x3F,0x02,0x21,0x13,0x0C,0x13,0x20,0x00,
0x3F,0x12,0x12,0x12,0x12,0x3F,0x00,0x3F,0x12,0x12,0x12,0x12,0x3F,0x00,0x00,0x00,
```

```
    0x00,0x00,0x00,0x00,0x00,0x00,0x00,0x00,0x00,0x00,0x00,0x00,0x00,0x00,0x00,0x00,
    0x00,0x00,0x00,0x00,0x00,0x00,0x00,0x00,0x00,0x00,0x00,0x00,0x00,0x00,0x00,0x00,
    0x00,0x00,0x00,0x00,0x00,0x00,0x00,0x00,0x00,0x00,0x00,0x00,0x00,0x00,0x00,0x00,
    0x00,0x00,0x00,0x00,0x10,0x22,0x84,0x00,0xFE,0x02,0xFA,0x02,0xFE,0x00,0xF8,0x00,
    0xFF,0x00,0x20,0x21,0xE6,0x00,0x08,0x48,0xC8,0x48,0x08,0xFF,0x08,0x09,0x0A,0x00,
    0x24,0x24,0xFC,0xA2,0x22,0x00,0x9E,0x92,0x92,0x92,0x92,0x9E,0x00,0x00,0x00,0x00,
    0xFC,0x04,0x14,0x14,0x55,0x96,0x94,0x54,0x34,0x14,0x04,0x00,0x00,0x00,0x00,0x00,
    0x00,0x00,0x00,0x00,0x00,0x00,0x00,0x00,0x00,0x00,0x00,0x00,0x00,0x00,0x00,0x00,
    0x00,0x00,0x00,0x00,0x00,0x00,0x00,0x00,0x00,0x00,0x00,0x00,0x00,0x00,0x00,0x00,
    0x00,0x00,0x00,0x00,0x00,0x00,0x00,0x00,0x00,0x00,0x00,0x00,0x00,0x00,0x00,0x00,
    0x00,0x00,0x00,0x00,0x00,0x00,0x00,0x00,0x00,0x00,0x00,0x00,0x00,0x00,0x00,0x00,
    0x00,0x00,0x00,0x00,0x18,0x06,0x01,0x20,0x11,0x0C,0x03,0x04,0x19,0x00,0x23,0x20,
    0x3F,0x00,0x00,0x00,0x1F,0x08,0x14,0x10,0x1F,0x08,0x08,0x01,0x0E,0x10,0x3C,0x00,
    0x04,0x03,0x3F,0x00,0x01,0x20,0x24,0x24,0x3F,0x24,0x24,0x24,0x20,0x00,0x20,0x18,
    0x07,0x01,0x01,0x01,0x21,0x21,0x3F,0x01,0x01,0x05,0x03,0x00,0x00,0x00,0x00,0x00,
    0x00,0x00,0x00,0x00,0x00,0x00,0x00,0x00,0x00,0x00,0x00,0x00,0x00,0x00,0x00,0x00,
    0x00,0x00,0x00,0x00,0x00,0x00,0x00,0x00,0x00,0x00,0x00,0x00,0x00,0x00,0x00,0x00,
};
void main(void)
{
    uchar aa,bb;                        //aa 控制 x 地址，bb 控制 y 地址
    ulong cc = 0;                       //cc 控制显示字符
    for(aa=0;aa<8;aa++)                 //控制行的增加
    {
        LCD_CS1=0;                      //控制在左半屏显示片选
        LCD_CS2=1;
        DISP();                         //初始化设置
        WR_ZB();                        //设置显示地址
        for(bb=0;bb<64;bb++)            //控制列的增加
            Write_Data(dis[cc++]);      //依次显示每一个汉字
        LCD_CS1=1;                      //控制在右半屏显示片选
        LCD_CS2=0;
        DISP();
        WR_ZB();
        for(bb=0;bb<64;bb++)
            Write_Data(dis[cc++]);
        disp_x++;                       //控制页的增加
    }
    while(1);

}
```

5. 评价参考表

LCD12864 液晶显示项目的考核评价参考表如表 12-7 所示。

表 12-7　LCD12864 液晶显示项目的考核评价参考表

班级：　　　　　　　　姓名：　　　　　　　　得分：

评价要素	评价标准	评价依据	评价方式			合计
			个人 20%	小组 20%	老师 60%	
知识 30 分	(1) 掌握 LCD12864 液晶模块的引脚功能 (2) 掌握 LCD12864 液晶显示模块与单片机的连接方法 (3) 掌握 LCD12864 液晶显示原理 (4) 掌握 LCD12864 液晶汉字显示地址的确定	(1) 学生回答老师提问、作业或卷面考核 (2) 小组总结				
	(5) 掌握 LCD12864 液晶汉字取模方法 (6) 掌握 LCD12864 液晶显示汉字的编程流程					
技能 50 分	(1) 会利用指令表初始化 LCD12864 (2) 会利用LCD12864基本操作时序编写读写指令 (3) 会利用 LCD12864 地址表编写在确定位置显示字符 (4) 会用 LCD12864 液晶编程在不同行显示汉字	(1) 操作规范 (2) 逻辑清晰 (3) 表达清楚 (4) 在老师指导下能完成程序故障诊断与调试				
素养 20 分	(1) 能在工作中自觉地执行 6S 现场管理规范，遵守纪律，服从管理 (2) 能积极主动地按时完成学习及工作任务 (3) 能规范操作 (4) 有条不紊，逻辑性强 (5) 能在学习中与其他学员团结协作	(1) 考勤 (2) 动作规范 (3) 思路清晰 (4) 6S 现场管理规范				
总　评						

知 识 拓 展

1. 取字模方法

1) 取模软件介绍

在编写软件代码之前必须要先掌握汉字取模的方法。目前点阵 LCD 的取模软件有很多，以实验箱自带的取模软件为例来介绍一下汉字的取模方法。打开实验箱自带取模软件，出现的显示界面如图 12-10 所示。

以输入一个“欢”字为例，了解其取模过程。在“文字输入区”中输入文字“欢”，小四号字体(12 号)：宽 × 高 = 16 × 16(横向 16 点，竖向 16 点)。后按“Ctrl + Enter”组合键后就看到“欢”字已经在模拟显示区显示出来了，在“取模方式”中选择“C51 格式”就可以在“点阵生成区”得到想要的汉字“欢”的显示代码，如图 12-11 所示。

汉字的取模方法

经过以上步骤后一个汉字就取模成功了，在程序中只要调用这段代码就可显示出汉字“欢”了，其他汉字取模也用同样的方法。要显示的全部汉字代码取模完成后就可以编程了。

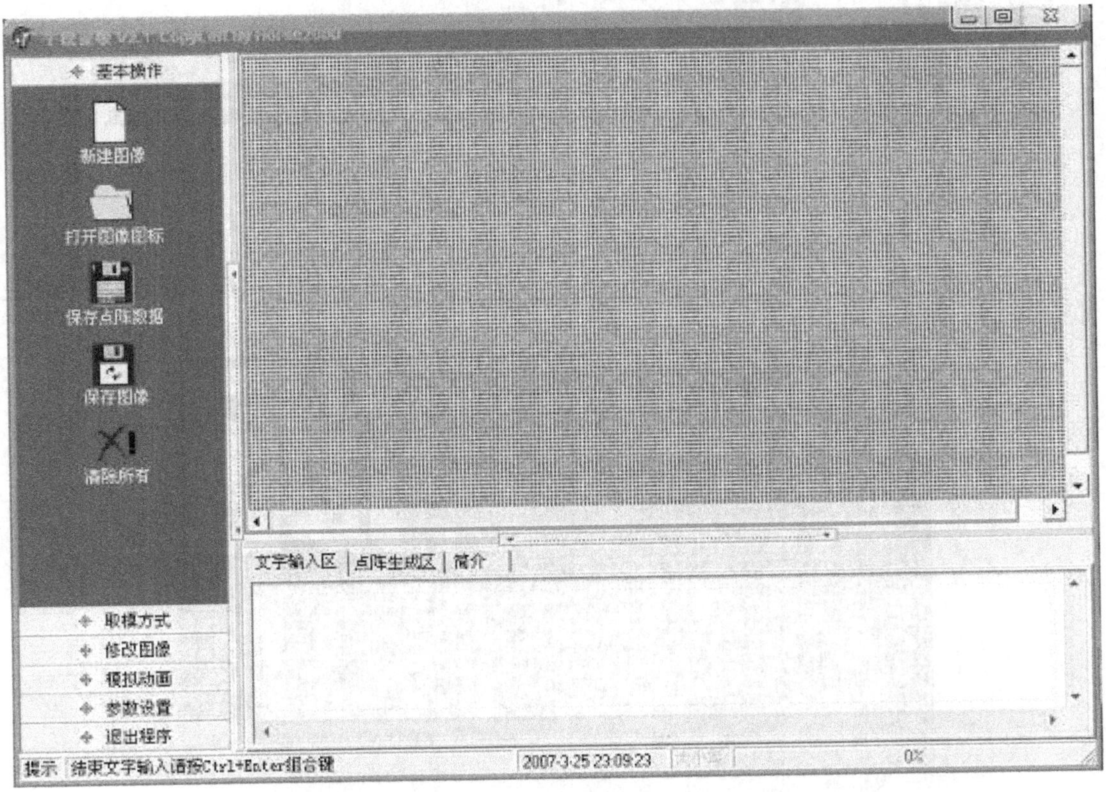

图 12-10　取模软件界面

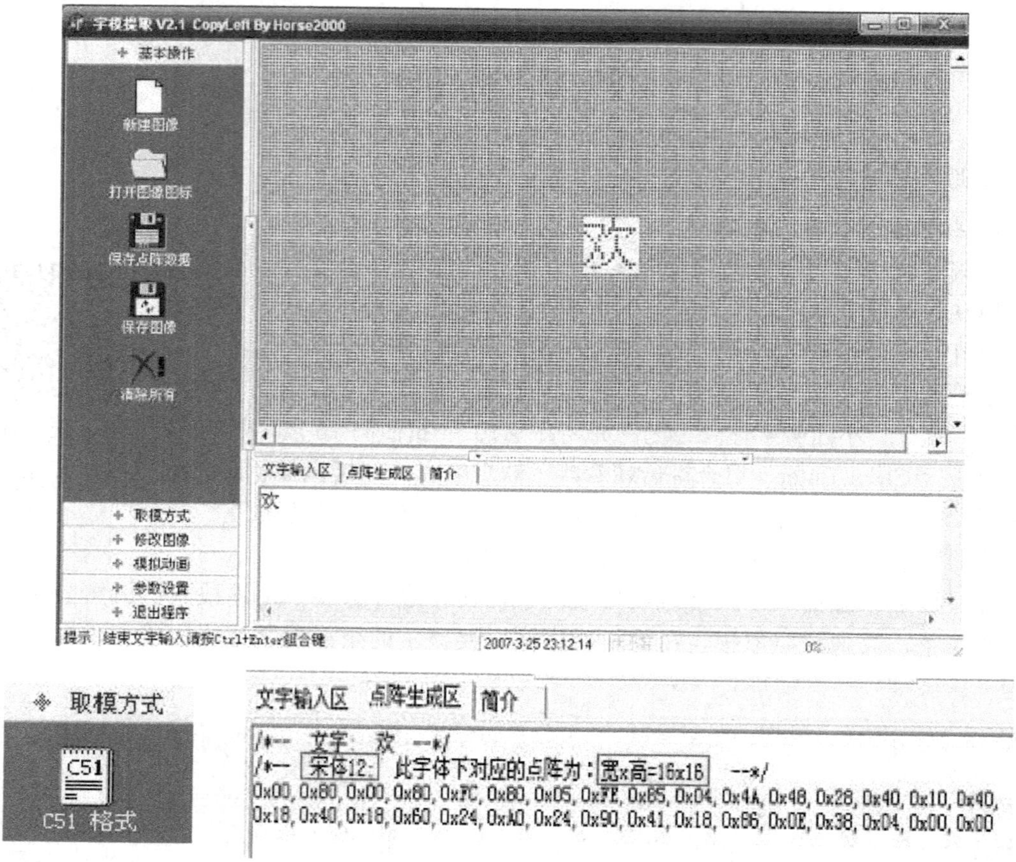

图 12-11　输入“欢”字生成的显示代码

2) 取字模举例

(1) 横向取模。以文字“你”为例，选择五号字体(11 号)，横向取模 16×14，纵向取模 14×16，如图 12-12 所示。

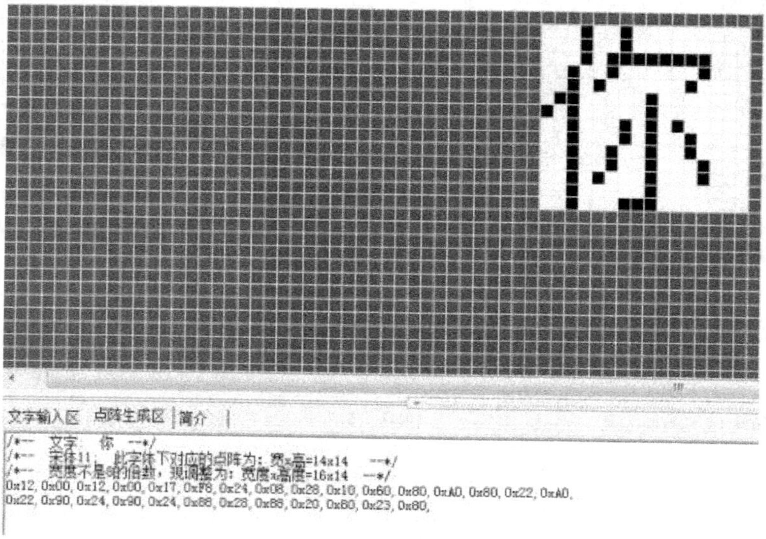

图 12-12　横向取模

代码为：

0001 0010，0000 0000　0x12，0x00

0001 0010，0000 0000　0x12，0x00

0001 0111，1111 1000　0x17，0xF8

0010 0100，0000 1000　0x24，0x08

横向取模，字节倒序，所得点阵数据如图 12-13 所示。

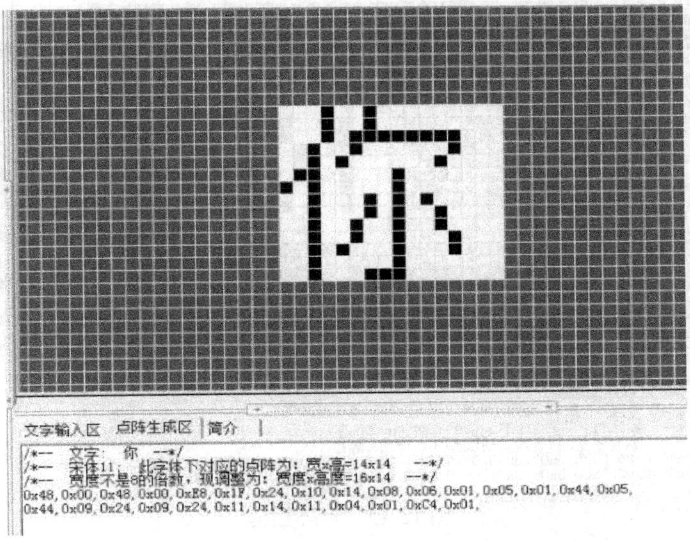

图 12-13　点阵数据

即将上面“横向取模，字节正序”的每一字节倒过来：

0100 1000，0000 0000　0x48，0x00

0100 1000，0000 0000　0x48，0x00

1110 1000，0001 1111　0xE8，0x1F

0010 0100，0001 0000　0x24，0x10

(2) 纵向取模，如图 12-14 所示。

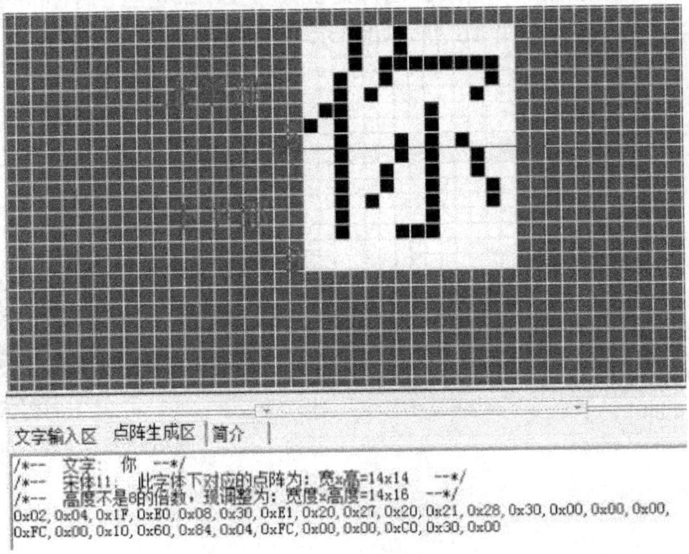

图 12-14　纵向取模

汉字的取模方式

代码为：

0000 0010，0000 0100　0x02，0x04

0001 1111，0111 0000　0x1F，0xE0

1110 0001，0010 0000　0x08，0x30

0010 0111，0010 0111　0xE1，0x20

纵向取模，字节倒序，所得点阵数据如图 12-15 所示。

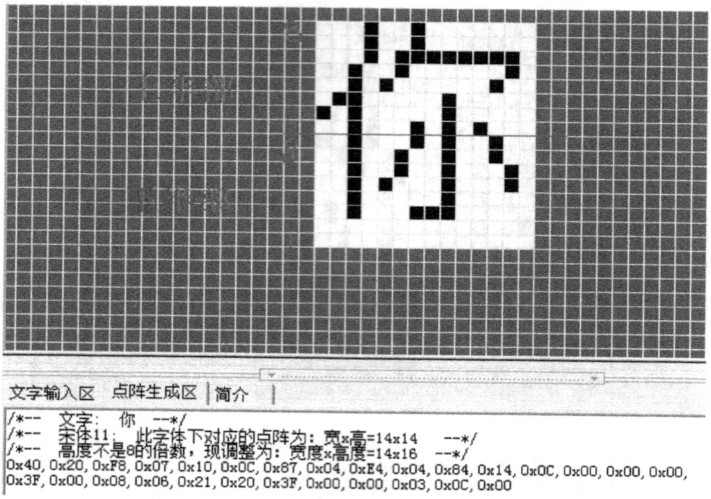

图 12-15　点阵数据

即将上面“纵向取模，字节正序”的每一字节倒过来：

0100 0000，0010 0000

1111 1000，0000 0111

0010 0000，0000 1100

1000 0111，0000 0100

2. 例程

功能：实现在 LCD12864 液晶第一页第 32 列开始显示“YL-250 型”字符，第三页第 8 列开始显示“欢迎你”字符，第五页第 16 列开始显示“实训考核装置”字符。

```
#include "reg51.h"
#include "absacc.h"
#include "intrins.h"
#define off 0x3e
#define page 0xb8
#define start 0xc0
#define col 0x40
#define on 0x3f
#define uchar unsigned char
#define uint unsigned int
sbit cs2=P3^5;
sbit cs1=P3^4;
sbit e=P3^3;
sbit rs=P3^2;
```

例程

```
unsigned char code shuzi[]="0123456789YL-";
unsigned char code zm8x16[][16]={
/*--  文字:  0  --*/
/*--  宋体 12;  此字体下对应的点阵为：宽 × 高 = 8 × 16  --*/
0x00,0xE0,0x10,0x08,0x08,0x10,0xE0,0x00,0x00,0x0F,0x10,0x20,0x20,0x10,0x0F,0x00,

/*--  文字:  1  --*/
/*--  宋体 12;  此字体下对应的点阵为：宽 × 高 = 8 × 16  --*/
0x00,0x10,0x10,0xF8,0x00,0x00,0x00,0x00,0x00,0x20,0x20,0x3F,0x20,0x20,0x00,0x00,

/*--  文字:  2  --*/
/*--  宋体 12;  此字体下对应的点阵为：宽 × 高 = 8 × 16  --*/
0x00,0x70,0x08,0x08,0x08,0x88,0x70,0x00,0x00,0x30,0x28,0x24,0x22,0x21,0x30,0x00,

/*--  文字:  3  --*/
/*--  宋体 12;  此字体下对应的点阵为：宽 × 高 = 8 × 16  --*/
0x00,0x30,0x08,0x88,0x88,0x48,0x30,0x00,0x00,0x18,0x20,0x20,0x20,0x11,0x0E,0x00,

/*--  文字:  4  --*/
/*--  宋体 12;  此字体下对应的点阵为：宽 × 高 = 8 × 16  --*/
0x00,0x00,0xC0,0x20,0x10,0xF8,0x00,0x00,0x00,0x07,0x04,0x24,0x24,0x3F,0x24,0x00,

/*--  文字:  5  --*/
/*--  宋体 12;  此字体下对应的点阵为：宽 × 高 = 8 × 16  --*/
0x00,0xF8,0x08,0x88,0x88,0x08,0x08,0x00,0x00,0x19,0x21,0x20,0x20,0x11,0x0E,0x00,

/*--  文字:  6  --*/
/*--  宋体 12;  此字体下对应的点阵为：宽 × 高 = 8 × 16  --*/
0x00,0xE0,0x10,0x88,0x88,0x18,0x00,0x00,0x00,0x0F,0x11,0x20,0x20,0x11,0x0E,0x00,

/*--  文字:  7  --*/
/*--  宋体 12;  此字体下对应的点阵为：宽 × 高 = 8 × 16  --*/
0x00,0x38,0x08,0x08,0xC8,0x38,0x08,0x00,0x00,0x00,0x00,0x3F,0x00,0x00,0x00,0x00,

/*--  文字:  8  --*/
/*--  宋体 12;  此字体下对应的点阵为：宽 × 高 = 8 × 16  --*/
0x00,0x70,0x88,0x08,0x08,0x88,0x70,0x00,0x00,0x1C,0x22,0x21,0x21,0x22,0x1C,0x00,

/*--  文字:  9  --*/
/*--  宋体 12;  此字体下对应的点阵为：宽 × 高 = 8 × 16  --*/
0x00,0xE0,0x10,0x08,0x08,0x10,0xE0,0x00,0x00,0x00,0x31,0x22,0x22,0x11,0x0F,0x00,

/*--  文字:  Y  --*/
```

```
/*--  宋体12;  此字体下对应的点阵为：宽×高=8×16   --*/
0x08,0x38,0xC8,0x00,0xC8,0x38,0x08,0x00,0x00,0x00,0x20,0x3F,0x20,0x00,0x00,0x00,

/*--  文字:  L  --*/
/*--  宋体12;  此字体下对应的点阵为：宽×高=8×16   --*/
0x08,0xF8,0x08,0x00,0x00,0x00,0x00,0x00,0x20,0x3F,0x20,0x20,0x20,0x20,0x30,0x00,

/*--  文字:  -  --*/
/*--  宋体12;  此字体下对应的点阵为：宽×高=8×16   --*/
0x00,0x00,0x00,0x00,0x00,0x00,0x00,0x00,0x00,0x01,0x01,0x01,0x01,0x01,0x01,0x01,


};
unsigned char code hanzi[]="白黄黑型单片机控制功能实训考核装置欢迎你";
unsigned char code zm16x16[][32]={
/*--  文字:  白  --*/
/*--  宋体12;  此字体下对应的点阵为：宽×高=16×16   --*/
0x00,0x00,0xF8,0x08,0x08,0x0C,0x0B,0x08,0x08,0x08,0x08,0x08,0xF8,0x00,0x00,0x00,
0x00,0x00,0x7F,0x21,0x21,0x21,0x21,0x21,0x21,0x21,0x21,0x21,0x7F,0x00,0x00,0x00,

/*--  文字:  黄  --*/
/*--  宋体12;  此字体下对应的点阵为：宽×高=16×16   --*/
0x20,0x24,0x24,0xA4,0xA4,0xBF,0xA4,0xE4,0xA4,0xBF,0xA4,0xA4,0x24,0x24,0x20,0x00,
0x00,0x80,0x80,0x5F,0x32,0x12,0x12,0x1F,0x12,0x12,0x32,0x5F,0xC0,0x00,0x00,0x00,

/*--  文字:  黑  --*/
/*--  宋体12;  此字体下对应的点阵为：宽×高=16×16   --*/
0x00,0x00,0x3F,0x21,0x25,0x39,0x21,0xFF,0x31,0x29,0x25,0x21,0x3F,0x00,0x00,0x00,
0x44,0x34,0x05,0x05,0x15,0x65,0x05,0x07,0x15,0x65,0x05,0x05,0x05,0x14,0x64,0x00,

/*--  文字:  型  --*/
/*--  宋体12;  此字体下对应的点阵为：宽×高=16×16   --*/
0x10,0x12,0x92,0x7E,0x12,0x12,0xFE,0x12,0x12,0x10,0xFC,0x00,0x00,0xFF,0x00,0x00,
0x40,0x42,0x49,0x48,0x48,0x48,0x49,0x7E,0x48,0x48,0x48,0x4A,0x4C,0x4B,0x40,0x00,

/*--  文字:  单  --*/
/*--  宋体12;  此字体下对应的点阵为：宽×高=16×16   --*/
0x00,0x00,0xF8,0x28,0x29,0x2E,0x2A,0xF8,0x28,0x2C,0x2B,0x2A,0xF8,0x00,0x00,0x00,
0x08,0x08,0x0B,0x09,0x09,0x09,0x09,0xFF,0x09,0x09,0x09,0x09,0x0B,0x08,0x08,0x00,

/*--  文字:  片  --*/
/*--  宋体12;  此字体下对应的点阵为：宽×高=16×16   --*/
0x00,0x00,0x00,0xFE,0x10,0x10,0x10,0x10,0x10,0x1F,0x10,0x10,0x10,0x18,0x10,0x00,
```

```
0x80,0x40,0x30,0x0F,0x01,0x01,0x01,0x01,0x01,0x01,0x01,0xFF,0x00,0x00,0x00,0x00,

/*--  文字:  机  --*/
/*--  宋体12;  此字体下对应的点阵为：宽×高=16×16   --*/
0x08,0x08,0xC8,0xFF,0x48,0x88,0x08,0x00,0xFE,0x02,0x02,0x02,0xFE,0x00,0x00,0x00,
0x04,0x03,0x00,0xFF,0x00,0x41,0x30,0x0C,0x03,0x00,0x00,0x00,0x3F,0x40,0x78,0x00,

/*--  文字:  控  --*/
/*--  宋体12;  此字体下对应的点阵为：宽×高=16×16   --*/
0x08,0x08,0x08,0xFF,0x88,0x48,0x00,0x98,0x48,0x28,0x0A,0x2C,0x48,0xD8,0x08,0x00,
0x02,0x42,0x81,0x7F,0x00,0x00,0x40,0x42,0x42,0x42,0x7E,0x42,0x42,0x42,0x40,0x00,

/*--  文字:  制  --*/
/*--  宋体12;  此字体下对应的点阵为：宽×高=16×16   --*/
0x00,0x50,0x4F,0x4A,0x48,0xFF,0x48,0x48,0x48,0x00,0xFC,0x00,0x00,0xFF,0x00,0x00,
0x00,0x00,0x3F,0x01,0x01,0xFF,0x21,0x61,0x3F,0x00,0x0F,0x40,0x80,0x7F,0x00,0x00,

/*--  文字:  功  --*/
/*--  宋体12;  此字体下对应的点阵为：宽×高=16×16   --*/
0x00,0x04,0x04,0x04,0xFC,0x04,0x14,0x14,0x10,0x90,0x7F,0x10,0x10,0xF0,0x00,0x00,
0x04,0x0C,0x04,0x04,0x03,0x42,0x22,0x11,0x0C,0x23,0x20,0x60,0x20,0x1F,0x00,0x00,

/*--  文字:  能  --*/
/*--  宋体12;  此字体下对应的点阵为：宽×高=16×16   --*/
0x10,0xB8,0x97,0x92,0x90,0x94,0xB8,0x10,0x00,0x7F,0x48,0x48,0x44,0x74,0x20,0x00,
0x00,0xFF,0x0A,0x0A,0x4A,0x8A,0x7F,0x00,0x00,0x3F,0x44,0x44,0x42,0x72,0x20,0x00,

/*--  文字:  实  --*/
/*--  宋体12;  此字体下对应的点阵为：宽×高=16×16   --*/
0x00,0x10,0x0C,0x04,0x4C,0xB4,0x94,0x05,0xF6,0x04,0x04,0x04,0x14,0x0C,0x04,0x00,
0x00,0x82,0x82,0x42,0x42,0x23,0x12,0x0A,0x07,0x0A,0x12,0xE2,0x42,0x02,0x02,0x00,

/*--  文字:  训  --*/
/*--  宋体12;  此字体下对应的点阵为：宽×高=16×16   --*/
0x40,0x41,0x4E,0xC4,0x00,0x00,0x00,0xFF,0x00,0x00,0xFE,0x00,0x00,0xFF,0x00,0x00,
0x00,0x00,0x00,0x7F,0x20,0x90,0x60,0x1F,0x00,0x00,0x7F,0x00,0x00,0xFF,0x00,0x00,

/*--  文字:  考  --*/
/*--  宋体12;  此字体下对应的点阵为：宽×高=16×16   --*/
0x00,0x20,0x24,0x24,0x24,0x24,0xBF,0x64,0x24,0x34,0x28,0x26,0x24,0x20,0x20,0x00,
0x04,0x04,0x04,0x02,0x02,0x05,0x0F,0x05,0x05,0x45,0x85,0x45,0x3D,0x01,0x00,0x00,

/*--  文字:  核  --*/
```

```
/*--  宋体 12;  此字体下对应的点阵为：宽 × 高 = 16 × 16   --*/
0x10,0x10,0xD0,0xFF,0x50,0x90,0x08,0x88,0xC8,0xB9,0x8E,0x88,0x48,0x28,0x08,0x00,
0x04,0x03,0x00,0xFF,0x00,0x00,0x48,0x48,0x24,0x22,0x11,0x08,0x14,0xE2,0x41,0x00,

/*--  文字:  装  --*/
/*--  宋体 12;  此字体下对应的点阵为：宽 × 高 = 16 × 16   --*/
0x00,0x42,0x2C,0x24,0x10,0xFF,0x04,0x64,0xA4,0x24,0x3F,0x24,0x24,0x24,0x04,0x00,
0x20,0x21,0x11,0x11,0xF9,0x45,0x23,0x03,0x05,0x09,0x11,0x29,0x45,0xC1,0x41,0x00,

/*--  文字:  置  --*/
/*--  宋体 12;  此字体下对应的点阵为：宽 × 高 = 16 × 16   --*/
0x00,0x20,0x2F,0xA9,0xA9,0xAF,0xE9,0xB9,0xA9,0xAF,0xA9,0xA9,0x2F,0x20,0x00,0x00,
0x80,0x80,0x80,0xFF,0xAA,0xAA,0xAA,0xAA,0xAA,0xAA,0xAA,0xFF,0x80,0x80,0x80,0x00,

 0x04,0x24,0x44,0x84,0x64,0x9C,0x40,0x30,0x0F,0xC8,0x08,0x08,0x28,0x18,0x00,0x00,
0x10,0x08,0x06,0x01,0x82,0x4C,0x20,0x18,0x06,0x01,0x06,0x18,0x20,0x40,0x80,0x00,/*"欢",0*/

0x40,0x40,0x42,0xCC,0x00,0x00,0xFC,0x04,0x02,0x00,0xFC,0x04,0x04,0xFC,0x00,0x00,
0x00,0x40,0x20,0x1F,0x20,0x40,0x4F,0x44,0x42,0x40,0x7F,0x42,0x44,0x43,0x40,0x00,/*"迎",0*/

0x00,0x80,0x60,0xF8,0x07,0x40,0x20,0x18,0x0F,0x08,0xC8,0x08,0x08,0x28,0x18,0x00,
0x01,0x00,0x00,0xFF,0x00,0x10,0x0C,0x03,0x40,0x80,0x7F,0x00,0x01,0x06,0x18,0x00,/*"你",0*/

};
void delay(uint i)
{
	while (i>0)
	{
		i--;
	}
}
void wcom(uchar com)
{
	rs=0;
	P0=com;
	delay(1);
	e=1;
	delay(1);
	e=0;
}
void wdat(uchar dat)
{
	rs=1;
```

```
        P0=dat;
        delay(1);
        e=1;
        delay(1);
        e=0;
}
void qingchu()
{
        uchar j,k;
        cs1=cs2=1;
        for (j=0;j<8;j++)
        {
                wcom(page+j);
                wcom(col);
                for (k=0;k<64;k++)
                {
                        wdat(0);
                }
        }
        cs1=cs2=0;
}
void init_12864()
{
        wcom(on);
        wcom(start);
        wcom(col);

        qingchu();
}
void showxy(uchar pag,uchar co,uchar x,uchar y,uchar *hz)
{
        uchar j,k;
        bit dright;
        if (co<64)dright=0;
        else
        {
                co-=64;dright=1;
        }
        for (j=0;j<y;j++)
        {
                if(dright)cs1=0,cs2=1;
                else cs1=1,cs2=0;
                wcom(page+pag+j);
```

```
            wcom(col+co);
            for (k=0;k<x;k++)
            {
                if(co+k<64)wdat(hz[x*j+k]);
                else
                {
                    cs1=0,cs2=1;
                    wcom(page+pag+j);
                    wcom(col+co+k-64);
                    wdat(hz[x*j+k]);
                }
            }
        }
}
uchar enN(uchar *s)
{
        uchar i;
        for (i=0;shuzi[i]!=0;i++)
        {
            if(shuzi[i]= =s[0])break;
        }
        return i;
}
uchar cnN(uchar *s)
{
        uchar i;
        for (i=0;hanzi[i]!=0;i+=2)
        {
            if(hanzi[i]= =s[0] && hanzi[i+1]= =s[1])break;
        }
        return i/2;
}
void showstr(uchar pag,uchar co,uchar *s)
{
        uchar i;
        for (i=0;s[i]!=0;i++)
        {
            if (s[i]<0x80)
            {
                showxy(pag,co,8,2,zm8x16[enN(&s[i])]);
                co+=8;
            }
            else
```

```
            {
                showxy(pag,co,16,2,zm16x16[cnN(&s[i])]);
                co+=16;i++;
            }
        }
}
void dyj_chushi()
{
    showstr(0,32,"YL-250 型");
    showstr(2,8,"欢迎你");
    showstr(4,16,"实训考核装置");
}

void main(void)
{
 init_12864();
 while(1)
 {
    dyj_chushi();
 }
}
```

课 后 练 习

(1) 简述 LCD12864 液晶模块与 LCD1602 液晶模块的区别。
(2) 简述 LCD12864 液晶模块显示的原理。
(3) 简述 LCD12864 液晶模块显示的流程。
(4) 编写 LCD12864 液晶模块的初始化程序并详细解析清楚。
(5) 编写 LCD12864 液晶模块的写数据子函数并写注释。
(6) 简述如何控制 LCD12864 显示字符的确定位置。
(7) 在取模软件上取出“我爱单片机”几个汉子的字模。

参 考 文 献

[1] 郭天祥. 51 单片机 C 语言教程：入门、提高、开发、拓展[M]. 北京：电子工业出版社，2009.

[2] 周正鼎. 单片机技术与应用[M]. 北京：机械工业出版社，2012.

[3] 王静霞. 单片机基础与应用(C 语言版)[M]. 北京：高等教育出版社，2016.